Jean-Denis Godet

# Baumrinden

## vergleichen und bestimmen

Ulmer

**Der Autor**
Jean-Denis Godet ist Primar-, Sekundar- und Biologielehrer für Gymnasien. Er hat sich neben dem Unterricht an den verschiedensten Schulstufen als Autor zahlreicher Pflanzenbestimmungsbücher internationalen Ruf erworben. Von ihm erschienen sind «Knospen und Zweige», «Bäume und Sträucher», «Holzführer», die Taschenführer «Einheimische Bäume und Stäucher» und «Alpenpflanzen».

Alle Fotos dieses Buches stammen vom Autor. Sie wurden von ihm bearbeitet und für die technische Umsetzung vorbereitet.

Die Originalausgabe erscheint unter dem gleichnamigen Titel im Arboris Verlag, CH-3032 Hinterkappelen.



**Bibliografische Information der Deutschen Nationalbibliothek**
Die Deutsche Nationalbibliothek verzeichnet diese Publikation in der Deutschen Nationalbibliothek; detaillierte bibliografische Daten sind im Internet über http://dnb.d-de abrufbar.

Wollgrasweg 41, 70599 Stuttgart (Hohenheim)
E-Mail: info@ulmer.de
Internet: www.ulmer.de
Gesamtkonzeption: Jean-Denis Godet, Arboris Verlag
Umschlaggestaltung: Atelier Reichert, Stuttgart

**ISBN 978-3-8001-5890-4**

# Inhaltsverzeichnis

## Vorwort

Mit Hilfe der Blüten, Knospen und Laubblätter oder Nadeln können Gehölze relativ problemlos bestimmt werden. Nicht so einfach ist es, eine Bestimmung nur mit Hilfe der Rinde und/oder der Borke vorzunehmen. Dies trifft besonders bei Arten aus der gleichen Gattung zu, wie dies zum Beispiel bei Eichen oder Föhren der Fall ist.
Eine erste Möglichkeit, diese Schwierigkeit zu beseitigen, wäre die Verwendung eines ausgeklügelten Bestimmungsschlüssels. Dieser muss jedoch eine Vielzahl von Faktoren berücksichtigen. Geographische Lage, Meereshöhe, Alter der Bäume, Zusammensetzung des Bodens, hydrologische Bedingungen am jeweiligen Standort, Sonneneinstrahlung, Einfluss pflanzlicher und tierischer Lebewesen, Wachstum im Freistand oder im Waldverband können einen grossen Einfluss auf die Ausgestaltung der Rinde und der Borke haben. An diesem Schlüssel wird gearbeitet. Er steht jedoch für diesen Titel noch nicht zur Verfügung.
Eine zweite Möglichkeit besteht in der Zusammenstellung möglichst vieler Bilder, die die Baumarten an verschiedenen Standorten und mit einem unterschiedlichen Alter zeigen. Mit ihrer Hilfe, einer genauen Beobachtung und der bereits vorhandenen Erfahrung wird eine genaue Bestimmung ebenfalls möglich sein.
Wer sich genug Zeit lässt, wird bald einmal mit Staunen erkennen, dass jeder Baum und jeder Strauch eine für ihn typische Rinde aufweist und sich daher sehr gut von anderen Gehölzen unterscheiden lässt. Wohl können die verschiedenen Umweltfaktoren einen Einfluss auf Dicke, Farbe und Struktur haben, doch dieser ist nicht so gross, dass bei Bäumen der gleichen Art die Hauptmerkmale zu unterschiedlich sind. Den grössten Einfluss auf das Aussehen hat das Alter des Baumes. Dieser Tatsache wird mit vielen Bildern von jungen, älteren und alten Bäumen begegnet.
Rinden werden vielfältig genutzt. Bei der Holzverarbeitung fallen grosse Mengen an, die der Energieerzeugung dienen. Im Garten- und Landschaftsbau dienen sie der Herstellung von Rindenkompost (Torfersatz), und dank ihres Reichtums an Gerbsäure bilden sie wichtige Gerbmaterialien. Da sie auch gute Dämmeigenschaften und im Vergleich zu Holz einen erhöhten Brandwiderstand haben, interessiert sich auch die Plattenindustrie für sie. Die Korkeiche und der asiatische Amur-Korkbaum liefern den Kork, aus dem vor allem Flaschenkork entsteht. Fussbodenbeläge aber auch andere Produkte benötigen grössere Mengen dieses Korkes. Die Chinarinde gilt als Heilmittel, und der Zimt wird als Gewürz benutzt. Viele weitere Werkstoffe sind gegenwärtig in Entwicklung und können nach und nach gekauft werden.
Die ersten grossen Baumarten lebten in den Steinkohlewäldern des Karbons, also vor 510–220 Mio Jahren. Sie erreichten einen Durchmesser bis 2 m und eine Höhe von 40 m. Da ihr Stammquerschnitt bis zu 90% aus Rindengewebe bestand, wurden diese Lepidodendren (Schuppenbäume) auch Rindenbäume genannt. Der Holzkörper war nur einige wenige Zentimeter dick. Im Laufe der Jahrmillionen wurde die Rinde reduziert und das dicker werdende Holz übernahm ihre Funktion. Heute produziert das Kambium bei dikotylen Bäumen nach aussen 5–10-mal weniger Rindenzellen als nach innen Holzzellen, was zu einer starken Reduktion der Rindendicke führt.

Hinterkappelen, im März 2011 Jean-Denis Godet

# 1. Der Bau der Rinde

## Der primäre Spross

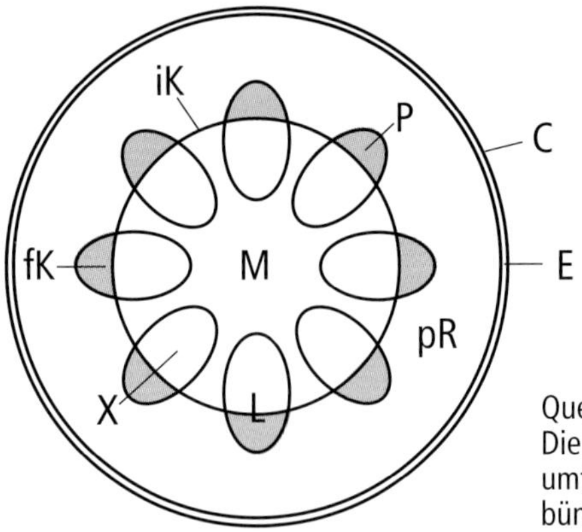


E: Epidermis
C: Cuticula
pR: Primäre Rinde
L: Leitbündel
P: Phloem
fK: faszikuläres Kambium
iK: interfaszikuläres Kambium
X: Xylem
M: Mark

Querschnitt durch einen primären Spross: Die primäre Rinde, auch Cortex genannt, umfasst alle Gewebe ausserhalb des Leitbündelringes.

Die Rinde, welche die Baumstämme, Äste und Wurzeln schützend umgibt, ist ein Abschlussgewebe, welches für die Pflanze genau so wichtig ist, wie die Haut für Mensch und Tier. Beim neu entstandenen Spross wird dieses Gewebe durch die Epidermis, die von einer Cuticula überzogen ist und zahlreiche Spaltöffnungen aufweist, nach aussen abgeschlossen. Das darunter liegende Grundgewebe, auch Parenchym genannt, kommt im primären Spross in drei Bereichen vor. Im Mark dient es vor allem der Speicherung von Stoffen. Die primäre Rinde, die zwischen Epidermis und dem Leitbündelring liegt, enthält viele mit Chloroplasten gefüllte Zellen. Die Markstrahlen, somit der dritte Bereich des Grundgewebes, verbinden das Mark mit der Rinde. Sie übernehmen den radialen Transport und die Speicherung von Stoffen.
Die für den Transport von Wasser und von gelösten Stoffen verantwortlichen Gewebe sind zu Strängen, den Leitbündeln, zusammengefasst. Sie bilden bei den zweikeimblättrigen Pflanzen einen Kranz um das Mark. Für den Wassertransport ist vor allem das Xylem verantwortlich, welches aus Tracheen und Tracheiden besteht. Das Phloem, bestehend aus Siebzellen, Siebröhren und Geleitzellen, sichert den Transport der Assimilate, also der Stoffe, die z.B. in den Blättern produziert werden.
Das für das spätere Dickenwachstum verantwortliche Kambium liegt zwischen Phloem und Xylem. Dieser Teil des Kambiumringes wird als faszikuläres Kambium bezeichnet. Durch die Remerismatisierung von Parenchymzellen bildet sich zwischen den Leitbündeln ein interfaszikuläres Kambium, was zu einem geschlossenen Kambiumring führt. Dieser ist später für das sekundäre Dickenwachstum verantwortlich.
Der primäre Spross enthält Festigungsgewebe (Sklerenchym und Kollenchym), welche ihn gegen mechanische Belastungen schützt. Die Sklerenchymzellen bilden verdickte Sekundärzellwände aus, welche oft durch Lignin verstärkt sind. Durch diese Einlagerungen sterben die Zellen ab (z.B. Steinzellen in den Birnen). Bei den lebenden Zellen des Kollenchyms, welche meist reich an Chloroplasten sind, werden Kanten oder einzelne Wände durch Cellulose- oder Pektinauflagerungen verstärkt. Diese Kollenchymzellen sind nicht verholzt und wachstums- und dehnungsfähig.

## 2. Das sekundäre Dickenwachstum

Im Gegensatz zur tierischen und menschlichen Haut, bei welcher ihr Gewebe mit den darunterliegenden Geweben eine flexible Verbindung hat, ist das primäre Abschlussgewebe der Pflanze, die Epidermis, mit dem darunterliegenden Gewebe fest verbunden. Die Zellen dieses primären «Hautgewebes» der Pflanze, die Epidermiszellen, können sich nur begrenzt teilen und vergrössern.

Beim einsetzenden sekundären Dickenwachstum scheidet das Kambium nach beiden Seiten Zellen ab, die in die Breite wachsen und die Umfangserweiterung einleiten. Einkeimblättrige Pflanzen (Monokotyledonen) besitzen mit wenigen Ausnahmen (z.B. Yucca, Drachenbaum) kein sekundäres, sondern nur ein primäres Dickenwachstum.

Mit Beginn der Umfangserweiterung zerreisst das bisherige primäre Abschlussgewebe, die Epidermis. Um den Schutz der inneren Gewebe weiter zu gewährleisten, entsteht in der Regel bereits wenige Wochen nach dem Knospenaufbruch, spätestens jedoch vor dem Ende der ersten Vegetationszeit, in tieferen Schichten aus reembryonalisierten Rindenzellen ein sekundäres Abschlussgewebe, das Initialperiderm, also das erste Periderm. Es besteht aus dem Phellogen (Korkkambium), welches nach aussen Phellem (Kork) und normalerweise nach innen Phelloderm bildet.

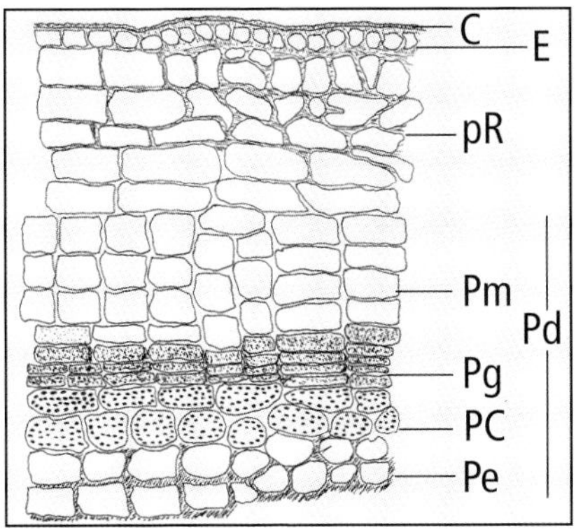


**Querschnitt durch die Rinde eines einjährigen Zweiges (Bereich ober-(halb des Markes bis zur Cuticula)**

C: Cuticula
E: Epidermis
pR: Primäre Rinde (Rindenparenchym)
Pd: Periderm
Pm: Phellem (Korkschicht)
Pg: Phellogen (Korkkambium)
PC: Phellodermzellen mit Chlorophyll
Pe: Phelloderm

Das Phellogen, welches durch die Redifferenzierung nichtmeristematischer Parenchymzellen entstanden ist, bildet ein zusammenhängendes Meristem.

Die Zellwände des Phellems sind oft mit Suberin und Zellulose inkrustiert, was dazu führt, dass sie für Flüssigkeiten undurchlässig werden. Die Verminderung oder Unterbindung des Wasser- und Nähstoffaustausches führt in ihren Zellen zum Absterben des plasmatischen Inhaltes. Werden noch die Tüpfel der Korkzellen verstopft, dann sterben nicht nur sie, sondern auch alle Zellen, die ausserhalb des Periderms liegen.

Das Phelloderm bildet in den meisten Fällen eine dünne Schicht aus lebenden Zellen, deren Form denjenigen der Initialzellen des Phellogens ähnlich sind. In jungen Zweigen enthalten sie oft Chlorophyll und können somit assimilieren, wie dies zum Beispiel bei den Weiden der Fall ist.

Das Periderm, welches im Gegensatz zur Epidermis ein elastisches und erneuerbares Gewebe darstellt, übernimmt alle Funktionen der Epidermis. Die einfach gebauten

Spaltöffnungen aus der Epidermis, die den Gas- und Wasseraustausch ermöglichten, werden durch komplexere Lentizellen ersetzt.
Bei einigen Baumarten bleibt das erste Periderm sehr lange oder das ganze Leben bestehen. Dies ist jedoch nur bei Gehölzen möglich, bei denen sich dieses Initialperiderm an oder nahe der Rindenoberfläche befindet. Das Phellogen dieses Oberflächenperiderms bildet an der Rindenoberfläche nur wenige Schichten von Korkzellen. Dies hat zur Folge, dass keine sichtbare Borkenbildung stattfindet – Beispiele:

*Carpinus betulus*
Hainbuche
(S. 100)

*Ilex aquifolium*
Stechpalme
(S. 144)

*Fagus sylvatica*
Buche
(S. 126)

Die Buche, die als Schattbaumart im dichten Wald wächst und von direkter Sonneneinstrahlung kaum gefährdet wird, benötigt auch keine dicke Korkschicht. Wird der Bestand im Wald durch Fällungen gelichtet oder der bisherige Schattenwurf durch Abrisse von Häusern entfernt, so ist sie direkt der Sonne ausgesetzt, und es droht ihr ein Sonnenbrand. Zu ihrem Schutz kann sie in einem solchen Fall nachträglich eine Borke bilden. Ist die Sonneneinstrahlung zu stark, so muss der Baumpfleger bereits bewährte Massnahmen anwenden. Wird nichts unternommen, dann reisst die Rinde auf und holzzerstörende Pilze dringen in den Stamm ein. Der Baum kann dann nicht mehr gerettet werden, und eine Fällung ist nicht mehr zu vermeiden.

## 3. Die Borke als neues Abschlussgewebe

Bei den meisten Baumarten kann das Phellogen das starke Dickenwachstum nicht durch eine kontinuierliche Dehnung ausgleichen, und sie reisst deshalb mit der Zeit auf. Vor dieser Rissbildung entsteht in tiefer liegenden Schichten ein Folgeperiderm. Mit dem fortschreitenden Dickenwachstum reisst auch dieses auf und wird laufend durch neue und tiefer liegende Folgeperiderme ersetzt. Dies hat zur Folge, dass die ausserhalb des aktiven Phellogens befindlichen Zellen vom aktiven Stoffwechsel ausgegrenzt werden, was zu ihrem Absterben führt. Sie alle, die ausserhalb des innersten Korkkambiums liegen, bilden in ihrer Gesamtheit die **BORKE** (= Rhytidom).

## 4. Die Lentizellen

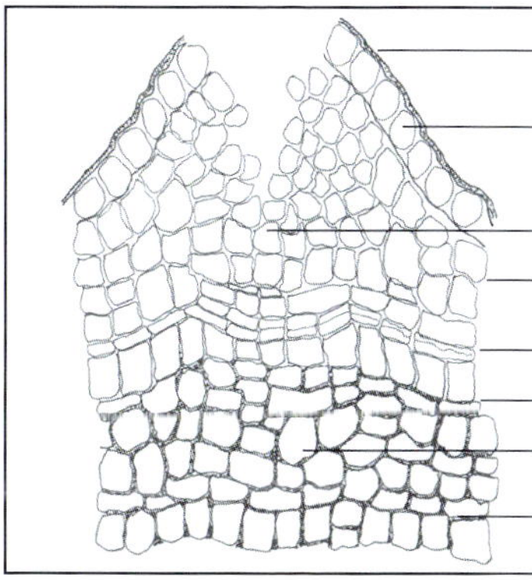


**Schematische Darstellung durch eine Lentizelle**

C: Cuticula
E: Epidermis
F: Füllzellen
Pm: Phellem (Korkschicht)
Pg: Phellogen (Korkkambium)
Pe: Phelloderm
K: Kollenchym
**1**: *Alnus viridis* (S. 90)
**2**: *Corylus avellana* (S. 116)
**3**: *Sambucus nigra* (S. 218)
4: *Ailanthus altissima* (S. 84)

1

2

3

4

Diese Lentizellen, auch Korkwarzen genannt, sind besonders gebaute Teile des Periderms. In ihrem Bereich werden vom Lentizellenphellogen ausser Korkzellen auch Füllzellen oder Komplementärzellen gebildet. Letztere können nicht suberinisiert sein oder Suberin enthalten. Nach einer Suberineinlagerung sterben diese meist rundlichen Zellen ab, lösen sich leicht voneinander und liegen dann locker unterhalb der Öffnung. Über die so entstandenen Interzellularräume kann ein ungehinderter Gasaustausch mit der Aussenwelt stattfinden.

Sehr oft liegen diese Lentizellen unterhalb oder in nächster Nähe der ehemaligen Spaltöffnungen des primären Abschlussgewebes, der Epidermis.

## 5. Gliederung der Rinden / Borken

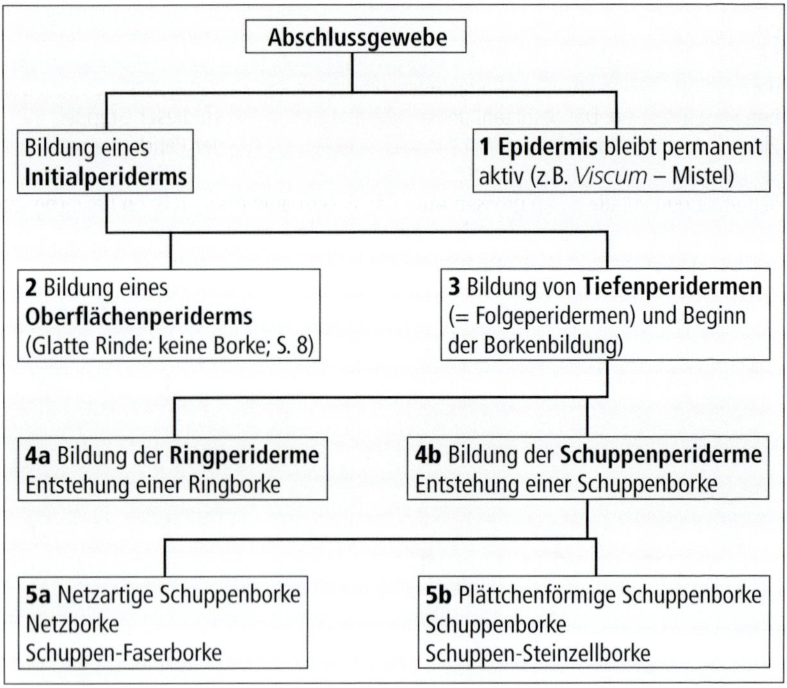


Bei den meisten Baumarten verändert sich die Rinde mit zunehmendem Alter. Ausnahmen bilden z.B. die Mistel (*Viscum album*), bei welcher die Epidermis dauernd aktiv bleibt (**1**) und diejenigen Gehölze, die ein sehr lange lebendes Initialperiderm (= Oberflächenperiderm) besitzen, das an oder nahe der Rindenoberfläche liegt. Bei diesen Arten kommt es zu keiner oder nur zu einer minimalen Borkenbildung (**2**).
Alle anderen Baumarten besitzen Folgeperiderme (= Tiefenperiderme), die in immer tieferen Schichten der Rinde angelegt werden und so den Schutz gewährleisten (**3**).
Sie werden in 2 Gruppen eingeteilt (**4a: Ringborken**, **4b: Schuppenborken**).

*Juniperus* (S. 28)

*Lonicera* (S. 160)

*Thuja* (S. 60)

*Vitis* (S. 244)

Bei der **Streifenborke**, einer Spezialform der Ringborke, werden ringförmige Korklagen von längsgerichteten Parenchymstreifen unterbrochen (z.B. bei *Clematis*, *Lonicera*, *Vitis*).
Bei den **Schuppenborken** (**4b**) mit ihren schuppenförmigen und kleinflächigen Peridermen überlappen sich die Ränder. Auch sind diese nach innen gerichtet. Es entstehen Konkavborken. Die Mehrzahl unserer Baumarten gehört zu dieser Gruppe.
Eine Ausnahme bildet *Ostrya* (S. 174). Hier sind die Ränder der Periderme nach aussen oder nach oben gerichtet (= Konvexborke).
Schuppenborken, die einen grossen Anteil an Fasern aufweisen, reissen netzartig auf und bilden **netzartige Schuppenborken**. Sie werden auch **Netzborken**, **Schuppen-Faserborken** oder «**rissige Borken**» genannt (**5a**) – Beispiele:

*Acer plat.* (S. 74)

*Fraxinus* (S. 132)

*Quercus* (S. 204)

*Tilia* (S. 232)

Schuppenborken mit einem grossen Sklereidengehalt bilden **plattenförnige Schuppenborken** oder **Schuppen-Steinzellborken** (**5b**). Sie werden auch «abschilfernde» Borken genannt – Beispiele:

*Larix* (S. 30)

*Picea* (S. 36)

*Pinus* (S. 50)

*Acer pseudo.* (S. 76)

Ring- und Schuppenborken können nicht immer deutlich voneinander abgegrenzt werden. So wird z.B. *Platanus* (S. 178) mit ihren grossflächigen Schuppen als Übergangsform zwischen den beiden Borkentypen aufgefasst.

## 6. Korkleisten

An der Pflanzenoberfläche findet in den meisten Fällen eine gleichmässige Verteilung des Phellems statt, also von denjenigen Geweben, die durch das Korkkambium nach aussen abgeschiedenen werden.
Bei einigen Baumarten kann diese Verteilung lokal gesteigert sein, was an diesen Orten zu einer Anreicherung von Korkgewebe zur Folge hat. Es entstehen echte Korkleisten (**1:** *Euonymus europaeus,* S. 124). Falsche Korkleisten (**2,3**) entstehen, wenn nachträglich gleichmässig gebildete Korkschichten aufreissen:
(**2a**, **2b**: *Acer campestre*, S. 64; **3**: *Ulmus minor*, S. 238).
Vermutlich bilden die Korkleisten Verstärkungs- und Festigungselemente der Rinde.

## 7. Extraktstoffe aus Rinden

Rinden enthalten im Gegensatz zum Holz viel mehr verschiedenartige Inhaltsstoffe. Sie sind als Stoffwechselendprodukte im Zellinnern, in den Zellwänden und/oder in den Interzellularräumen eingelagert (z.B. verschiedene Drogen, Gerbstoffe, Harze, Milchsaft aus dem Guttaperchabaum). Aus ihnen werden seit vielen Jahren Farben, Gewürze, Lebensmittel-Zusätze, Medikamente und technische Zusätze hergestellt.
Beispiele:

| | | |
|---|---|---|
| **Medizin** | Chinarinde (Chinin)<br>Weidenrinde (Salicin) | z.B. Einsatz gegen Malaria<br>z.B. Einsatz als Fiebermittel |
| **Farben** | Rosskastanie<br>Walnussbaum<br>Schwarzdorn<br>Liguster | Rote Färbung<br>Kaffeebraune Färbung<br>Schwarze Färbung<br>Gelbliche Färbung |
| **Technische Produkte** | Guttaperchabaum<br>Kautschukbaum<br>Harz von Kiefern, Fichten | In der Malerei als Trennmittel, Zahnmedizin<br>Herstellung von Gummi<br>Kolophonium als Bogen- oder Geigenharz |
| **Genuss** | Zimtbaum | Gewürz |

# 8. Höhenstufen der Vegetation

## 8.1 Kolline- oder Hügellandstufe (Hügelstufe)

Bis auf eine Höhe von 600 m im Mittelland
700 m im Alpenvorland
800 m und 900 m in den Zentral- und Südalpen
Die mittlere Jahrestemperatur liegt zwischen 8° und 12° Celsius
Die Dauer der Vegetationszeit beträgt über 250 Tage
Die Stufe wird gekennzeichnet durch
- Eichen-Hagebuchenwälder in tieferen Lagen
- Flaumeichenwälder in wärmsten Gebieten auf kalkhaltigem Boden
- Föhrenwälder in Trockengebieten
- Buchenmischwälder in höheren Lagen
- Kastanienwälder auf kalkarmen Böden am Alpensüdfuss

## 8.2 Montane- oder Bergstufe

Bis auf eine Höhe von 1200 m und 1300 m auf der Alpennordseite
1300 m und 1500 m in den Zentralalpen
1500 m und 1700 m in den Südalpen
Die mittlere Jahrestemperatur liegt zwischen 4° und 8° Celsius
Die Dauer der Vegetationszeit beträgt über 200 Tage
Die Stufe wird gekennzeichnet durch
- Buchen-, Buchen-Tannen- und Tannenwälder
- Föhrenwälder in den Zentralalpen
- Fichtenwälder in mehr kontinentalen Gebieten

## 8.3 Subalpine- oder Gebirgsstufe

Bis auf eine Höhe von 1700 m und 1900 m auf der Alpennordseite
1900 m und 2400 m in den Zentralalpen
1800 m und 2000 m in den Südalpen
Die mittlere Jahrestemperatur liegt zwischen 1° und 2° Celsius
Die Dauer der Vegetationszeit beträgt zwischen 100 und 200 Tage
Die Stufe wird gekennzeichnet durch
- Fichtenwälder
- Arven-Lärchenwälder oberhalb der Fichtenwälder
- Zwergsträucher am Übergang zur alpinen Stufe
- Alpenerlengebüsche an feuchten und schattigen Steilhängen
- Bergföhren- und Legföhrenwälder auf Kalkböden

## 8.4 Alpine Stufe

Sie umfasst die baumlosen oberen Lagen der Alpen und reicht von der Baumgrenze bis zur natürlichen Schneegrenze
Die klimatische Schneegrenze liegt zwischen 2400 m und 3200 m
Die Stufe wird gekennzeichnet durch:
- Zwergstrauchbestände im unteren Bereich; oberhalb wachsen vor allem alpine Rasen
- Gebiete oberhalb der natürlichen Schneegrenze = **nivale Stufe**

| | |
|---|---|
| Assimilate | Aus körperfremden Stoffen werden unter Energiezufuhr schrittweise körpereigene Verbindungen aufgebaut, die für den Aufbau und Betrieb benötigt werden. |
| Borke | Gesamtheit der ausserhalb des zuletzt gebildeten Periderms liegenden toten Gewebe. Dieses Rhytidom ist somit nur der äusserste Teil der Rinde. Nicht alle Baumarten besitzen eine Borke (Synonym: Rhytidom). |
| Bast | Sekundäres Phloem |
| Cortex | Primäre Rinde: Gesamtheit der primären Gewebe, die ausserhalb des Kambiums liegen und vorwiegend aus Parenchym und Epidermis bestehen. |
| Cuticula | Geschlossenes hydrophobes «Häutchen» von Oxyfettsäuren (Kutin), das die Epidermis überzieht und als Transpirationsschutz dient. |
| Dilatation | Ein Erweiterungswachstum in der Rinde, das durch Druck- und Zugspannungen ausgelöst wird. |
| Epidermis | Abschlussgewebe, das die ober- und unterirdischen primären Pflanzenteile überzieht und in der Regel aus einer verdickten Zellschicht besteht. |
| Folgeperiderm | Ein Periderm, das nach dem Initialperiderm in tieferen Schichten der Rinde gebildet wird (Tiefenperiderm). |
| Gefäss | Trachee |
| Gerbstoffe | Phenolische sekundäre Pflanzenstoffe mit antibiotischer Wirkung. |
| Harz | Gemisch, das hauptsächlich aus Harzsäure, Monoterpen-Kohlenwasserstoffen, Di- und Sesquiterpenen, Carboxyl und Hydroxyl besteht und fäulnis- und gärungshemmend wirkt. |
| Holz | Das feste bzw. harte Gewebe der Sprossachsen (Stamm, Äste und Zweige) von Bäumen und Sträuchern. Es ist das vom Kambium erzeugte sekundäre Xylem der Samenpflanzen. Kennzeichnend ist die Einlagerung von Lignin in die Zellwand. |
| Holzparenchym | Xylemparenchym |
| Holzstrahl | Im Holz verlaufender Markstrahlabschitt |
| Initialperiderm | Erstes Periderm, das in der Rinde durch Redifferenzierung nicht meristematischer Parenchymzellen gebildet wird. |
| Interzellularraum | Zwischen den Zellen liegende, mit Luft gefüllte Hohlräume. |

| | |
|---|---|
| Kambium | Teilungsfähiges und langlebiges sekundäres Meristem des Baumes, das zentripetal Holz und zentrifugal Bast bildet und zwischen Holz und Rinde lokalisiert ist. Es ist für den grössten Teil des Dickenwachstums verantwortlich. |
| Kambium (faszikuläres) | Kambium innerhalb des Leitbündels |
| Kambium (interfaszikuläres) | Kambium zwischen den Leitbündeln |
| Kork | Phellem |
| Korkkambium | Phellogen |
| Korkleisten | Flügelförmige, längs orientierte Korkzellen, welche durch lokal vermehrte Phellembildung (echte Korkleisten) oder durch Aufreissen der Borke (unechte Korkleisten) entstehen. |
| Korkwarzen | Lentizellen |
| Korkzelle | Phellem: Zelle, die vom Korkkambium (Phellogen) gegen aussen abgeschieden wird. |
| Lentizellen | Ansammlung von Füllzellen, die vom Phellogen gebildet werden, das darüberliegende Gewebe emporheben und dieses schlussendlich durchbrechen. Ihre weiten Interzellularräume ermöglichen einen ungehinderten Gasaustausch zwischen Innenraum und Atmosphäre (Ersatz für die Spaltöffnungen). |
| Lignifizierung | Verholzung: Einlagerung von Lignin in die interfibrillären Zellräume. |
| Lignine | Gruppe von phenolischen Makromolekülen, die sich aus verschiedenen Monomerbausteinen zusammensetzen. Es handelt sich um feste Biopolymere, die in die pflanzliche Zellwand eingelagert werden und damit die Verholzung der Zelle bewirken (Lignifizierung). |
| Mark | Zentraler Teil des Stammes und und anderer Achsenorgane, die hauptsächlich aus Parenchym bestehen. |
| Markstrahlen | Radial verlaufende Zellreihen, die der radialen Stoffleitung (Assimilate) und Speicherung (Stärke) dienen. |
| Meristem | Lebendes und teilungsfähiges Gewebe, welches als langlebiges (Kambium) oder kurzlebiges (Phellogen) Wachstumszone in der Pflanze vorkommt. |
| Parenchym | Gewebe aus parenchymatischen Zellen, die der Speicherung und Verteilung der Nährstoffe dient. |

| | |
|---|---|
| Parenchymzelle | Dünnwandige, lebende und potentiell teilungsfähige Zelle, deren Lumen vorwiegend aus Vakuole besteht. |
| Periderm | Sekundäres Abschlussgewebe, welches aus Phellem, Phellogen und Phelloderm besteht. |
| Perizykel | Auch Perikambium genannt; schliesst in den Wurzeln an die Endodermis an und bildet den äussersten Teil des Zentralzylinders. Er ist eine meist einschichtige Scheide aus lückenlos aneinandergrenzenden Zellen. |
| Phellem | Vom Korkkambium nach aussen abgeschiedenes Gewebe (Kork), das meist verkorkt (suberisiert) und tot ist und vor mechanischen Beschädigungen und Verdunstung schützt. |
| Phelloderm | Unverkorktes, oft chlorophyllreiches Gewebe, welches vom Korkkambium nach innen abgeschieden wird. |
| Phellogen | Korkkambium, ein meist kurzlebiges Meristem in der Rinde, das durch Redifferenzierung aus Parenchymzellen entsteht, nach aussen Phellem und nach innen Phelloderm bildet. |
| Phloem | In Gefässpflanzen das Hauptgewebe für den Nährstofftransport; aus Siebteil und Bastteil bestehend. |
| Prokambium | Undifferenziertes, teilungsfähiges Gewebe aus länglichen Zellen. Aus ihm entsteht später in der Regel das Kambium. |
| Rhytidom | Borke |
| Rinde | Alle Gewebe, die ausserhalb des Kambiums liegen. Rinde und Borke sind jedoch nicht das Gleiche. |
| Rinde, primäre | Cortex |
| Ringborke | Rhytidom, das durch Ringperiderme gebildet wird und sich faserig oder in Streifen vom Stamm löst. |
| Schuppenborke | Rhytidom, das durch Schuppenperiderme gebildet wird und sich in Schuppen vom Stamm löst. |
| Schuppige Faserborke | Rissiges Rhytidom: wird durch Schuppenperiderme gebildet; zeichnet sich durch Borkenberge und Borkentäler aus. |
| Schuppen-Steinzellborke | Plättchenförmige Schuppenborke: Abschilfernde (= abblätternde) Borke, die durch Schuppenperiderme gebildet wurde; zeichnet sich durch Borkenplatten aus. |
| Siebelement | Lebende Zelle des Phloems, welche oft keinen Zellkern mehr besitzt und siebartig durchbrochene Wände aufweist. Sie dient im Verband dem Stofftransport in vertikaler Richtung. |

| | |
|---|---|
| Siebplatte | Ansammlung von Siebtüpfeln in den Siebelementen der Laubhölzer. |
| Siebzelle | Siebelement der Nadelhölzer. |
| Sklerenchym | Festigungsgewebe: Die Zellen weisen alle gleichmässig verdickte Zellenwände auf. Nach der Form werden zwei Typen unterschieden. Es sind dies die langgestreckten Sklerenchymfasern und Sklereide. |
| Spaltöffnung | Kleine, spaltförmige Öffnungen in der Epidermis von grünen Pflanzen; ermöglichen den Gasaustausch (Synonym: Stoma). |
| Stoma | Spaltöffnung |
| Suberin | Suberin ist ein pflanzliches Biopolymer, das in Zellwänden abgelagert wird und die Korkzellen wasserundurchlässig macht. |
| Tannine | Pflanzliche Gerbstoffe (in Wasser, Ethanol und Aceton löslich), die zu den Anti-Nährstoffen gehören und sich verschiedene Pflanzen damit vor Fressfeinden schützen. Enthalten sind sie z.B. im Holz und der Rinde von Eichen, Birken, Kastanien, aber auch im Hopfen und im schwarzen und grünen Tee. |
| Trachee | Holzzellen, die zu einer gegliederten röhrenförmigen Struktur von unbestimmter Länge verschmolzen sind und der Wasserleitung dienen. |
| Tracheide | Zusammen mit den Tracheen bilden sie die wasserleitenden Elemente des Xylems im Leitbündel der Sprossachse von Pflanzen. Es sind längsgestreckte und schräg endende Zellen, deren Querwände nicht aufgelöst sind, sondern Hoftüpfel aufweisen. |
| Xylem | Ein komplexes, axiales Wasserleitgewebe, das aus meist toten und verholzten Zellen besteht und dem Transport von Wasser und anorganischen Salzen durch die Pflanze dient, aber auch Stützfunktionen übernimmt. Es findet sich zusammen mit dem Phloem in Leitungsbahnen, den so genannten Leitbündeln, die die Sprossachsen, die Blattstiele und Blätter durchziehen. Wurzeln besitzen einen zentralen Xylemkern. |
| Xylem (Primäres) | Erstes Xylem, das vom Prokambium gegen innen gebildet wird. |
| Xylem (Sekundäres) | Wasserleitendes Gewebe, das vom Kambium gegen innen abgeschieden wird. |
| Xylemparenchym | Axial gerichtetes Wasserleit- und Speichergewebe im Xylem, das vorwiegend aus Parenchymzellen besteht. |

# *Abies alba* Mill. – **Weiss-Tanne**

F: Sapin commun; E: European Silver Fir Pinaceae

**Verbreitung:** Von der collinen bis in die subalpine Stufe in Mittel- und Südeuropa in Wäldern mit nährstoffreichen, tiefgründigen, gut durchlüfteten, feuchten, auch mittelfeuchten Böden; von 600–1200 m ü.M.; in den Bayerischen Alpen bis 1600 m ü.M., im Schwarzwald bis 1300 m ü.M.; als stabilisierende Baumart besonders in den Bergschutzwäldern der Alpen unentbehrlich; typischer Waldbaum in Nadelwaldungen.
**Habitus:** Wuchshöhe von 30–50 m (seltener bis 60 m); Alter bis 600 Jahre; Stamm kräftig und gerade; in der Jugend pyramidenförmig, im Alter mit abgeflachtem Gipfel (Storchennestkrone); ältere Äste fast waagrecht abstehend, am Stamm scheinquirlig angeordnet; zählt zu den höchsten Baumarten Europas.
**Zweige:** Zuerst glänzend blassgrau bis gelblich grau, mit kurzen Haaren, später rau und nicht gefurcht; Leittriebe von Jungpflanzen sind glänzend blassgrau.
**Rinde:** Weiss- bis hellgrau, glatt, mit kleinen Harzblasen; erst viel später im Alter von 40–60 Jahren Bildung einer grobrissigen, mit deutlichen Querrissen versehenen, abblätternden Schuppen-Steinzellborke; Schuppen mit einer Dicke von 3–8 mm; ihre Innenseite weist eine rötlichbraune Färbung auf.

## *Abies nordmanniana* Spach. – **Nordmanns-Tanne**

F: Sapin de Crim; E: Caucasian Fir, Christmas Fir Pinaceae

**Verbreitung:** Zwischen 900 m und 2100 m ü.M. auf tiefgründigen, humosen, nährstoffreichen, gut drainierten Lehmböden vor allem in einer kühl-feuchten Klimalage; bevorzugt vor allem Nordhänge (Schattenholzart); beheimatet in Kleinasien, im Nordkaukasus und in der nordöstlichen Türkei; 1836 durch den finnischen Biologen Alexander Nordmann im Kaukasus entdeckt; Mitte des 19. Jahrhunderts in Mitteleuropa eingeführt; bedingt durch die weichen Nadeln ein beliebter Weihnachtsbaum.
**Habitus:** Mächtiger Baum von 40–60 m Wuchshöhe mit geradem Stamm; Alter bis 500 Jahre; junge Bäume mit schmaler, kegelförmiger Krone, diese im Alter zunehmend säulenförmig und mit einem ziemlich spitz zulaufenden Gipfel; Äste gleichmässig dicht stehend und in regelmässigen Quirlen angeordnet, im Mittelteil waagrecht abstehend; obere Äste weniger steil aufwärts gerichtet als bei der Weiss-Tanne.
**Zweige:** Zuerst gerieft, olivgrün bis graubraun, dunkel behaart, später verkahlend.
**Rinde:** In der Jugend hellgrau, glatt; im Alter silbergrau, graubraun bis grauschwarz, in dunklen Platten zerrissen oder fleckig; mit vereinzelten Harzblasen; in den Rissen graubraun; körnig mit flachen Furchen.

## *Cedrus atlantica* (Endl.) – **Atlas-Zeder**

F: Cèdre de l`Atlas; E: Atlantic Cedar Pinaceae

**Verbreitung:** Ursprünglicher Lebensraum ist das Atlas-Gebirge, Marokko und Algerien; im Ursprungsgebiet zwischen 1000 m und 1800 m ü.M. sehr oft reine Bestände bildend; seit Mitte des 19. Jahrhunderts in milder Klimalage vor allem in Südeuropa als Zierbaum angepflanzt; gedeiht heute auch in geschützten Lagen Mitteleuropas (vor allem im Rheingebiet, Rügen, in Südwestdeutschland, bei den Schweizer Alpenrandseen); hierzulande wird vor allem die «Blauform» (Cedrus atlantica «Glauca») angepflanzt.
**Habitus:** Wuchshöhe bis 40 m; Krone in der Jugend locker-kegelförmig mit aufrechtem Gipfeltrieb; Hauptäste junger Bäume aufwärts gerichtet; Krone im Alter breit, weit ausladend, unregelmässig und oft mehrstämmig; einen Stammdurchmesser von 2 m und ein Alter bis 900 Jahre erreichend.
**Zweige:** Rinde der nicht hängenden Zweige gelblich und dicht behaart; Äste erst im hohen Alter horizontal stehend.
**Rinde:** Diese bei jungen Bäumen glatt und grau gefärbt; ältere Stämme weisen eine dunkel- bis schwarzgraue, längsrissige und oft sehr dicke Schuppenborke auf.

## *Cedrus libani* A.Rich. – **Libanon-Zeder**

F: Cèdre du Liban; E: Cedar of Lebanon Pinaceae

**Verbreitung:** Beheimatet in Klein- und Westasien, Libanon, Syrien; bis in eine Höhenlage von 2100 m ü.M. wachsend; 1638 nach Europa gelangt und hier häufig in Parkanlagen angepflanzt; kann über 1000 Jahre alt werden; bevorzugt mittel- bis tiefgründige, gut drainierte, basische und karbonatreiche, mässig nährstoffreiche Böden; die Libanon-Zeder ziert die libanesische Flagge.
**Habitus:** Mit einer Wuchshöhe von 25–35 m (seltener bis 50 m) und einem Umfang bis 3.5 m; untere Hauptäste kräftig ausgebildet, steil aufrecht wachsend; die oberen Äste viel kleiner, mehrheitlich in Etagen übereinander stehend und vielfach waagrecht wachsend; junge Krone pyramidenförmig; diese im Alter breit, unregelmässig und abgeplattet; junge Triebe gerieft, dicht und kurz behaart, später verkahlend.
**Zweige:** Von den Hauptachsen wachsen die Seitentriebe mehrheitlich rechtwinklig ab und sind spiralig angeordnet.
**Rinde:** Diese bei jungen Bäumen glatt und graugrün gefärbt; im Alter entwickelt sich eine längsrissige, dunkelbraune, später dunkel- bis schwarzgraue, schuppig abblätternde, zuletzt gefelderte Schuppenborke.

## *Cupressus sempervirens* L. – **Echte Zypresse**

F: Cyprès; E: Italian Cypress  Cupressaceae

**Verbreitung:** Beheimatet im östlichen Mittelmeergebiet von Griechenland bis Kleinasien; bereits in der Antike in Italien, Frankreich und Spanien angepflanzt; eine landschaftsprägende Art im Mittelmeergebiet; liebt trockene, verhältnismässig flachgründige, sehr gut wasserdurchlässige, steinige Kalk-, Mergel- oder Tonböden; nur bedingt frosthart; in vielen Gegenden des Südens als Windschutz für Obstkulturen, zu Alleen, als Hausbaum auf Friedhöfen gepflanzt; von der Ebene bis 1600 m ü.M. wachsend; sehr anpassungsfähiger Pionierbaum, der zudem noch dürreresistent ist.
**Habitus:** Wuchshöhe von 5–25 m; Brustumfang 70–100 cm; im Alter mit einer aufrechten, schlanken, bereits in geringer Höhe in mehrere Äste gegliederte, dunkelgrüne Krone (Form eines zusammengeklappten Regenschirms), die in eine feine Spitze ausgezogen ist; Stamm mit vielen aufrecht wachsenden Ästen versehen.
**Zweige:** In jungen Jahren vierkantig, bläulich / hell- bis dunkelgrün gefärbt.
**Rinde:** An älteren Bäumen ziemlich glatt, faserig, dünn, graubraun bis dunkelgrau, nur wenig rissig oder gefurcht, mit feinen Längsstrukturen und sich in Längsstreifen ablösend.

## *Juniperus communis* L. – **Gewöhnlicher Wacholder**

F: Genévrier commun; E: Common Juniper — Cupressaceae

**Verbreitung:** Beheimatet in Europa, Nordasien, Nordamerika; von Südgrönland bis Nordafrika; vor allem in der montanen und subalpinen Stufe (bis 1600 m ü.M.) auf Magerweiden und Magerwiesen, Sandfluren, an besonnten Abhängen, in Schutthalden, Heiden, Zwergstrauchgesellschaften, lichten Nadelmischwäldern; bevorzugt steinige, sandige, wechselfeuchte bis mässig trockene, nährstoffarme Böden; wärmeliebend, frosthart; lichtbedürftig; mit einem sehr langsamen Wachstum.
**Habitus:** Wuchshöhe von 3–15 m; Alter bis 1000 Jahre, in seltenen Fällen ein Alter von 2000 Jahre erreichend; von Grund auf verzweigter, aufrechter oder kriechender, meist vielstämmiger Strauch oder kleiner Baum mit einer kegelförmigen bis ovalen Krone und ungleichmässigem Wuchs.
**Zweige:** Zuerst gelblichgrün bis graugrün, mehr oder weniger vierkantig, mit schmalen Längsleisten; an Ästen sind diese nicht mehr vorhanden.
**Rinde:** In der Jugend dünn, glatt, graubraun bis braunrot; im Alter Bildung einer grauen bis dunkel rotbraunen, längsrissigen, streifig-faserigen Ring-Faserborke, die in langen schmalen Streifen abblättert.

# *Larix decidua* Mill. – **Europäische Lärche**

F: Mélèze commun; E: European Larch Pinaceae

**Verbreitung:** Beheimatet in der subalpinen Stufe vor allem auf frischen, durchlässigen, gut durchlüfteten, nährstoffreichen Böden Mitteleuropas; in der collinen und montanen Stufe durch Forstkultur weit verbreitet; gemeinsam mit der Arve (Zirbelkiefer) bildet sie in den Zentral- und Ostalpen den Arven-Lärchenwald; in subkontinentaler Klimalage an Steilhängen und Blockstandorten zusammen mit der Fichte wachsend; sie ist ein ausgesprochener Lichtbaum, erreicht ein Alter von 600 Jahren und erträgt Temperaturen bis minus 40 Grad Celsius.
**Habitus:** In der Jugend mit schlanker, kegelförmigen Krone; diese im Alter bis 50 m hoch wachsend, mit einem geraden Stamm, etwas abgeflacht; Hauptäste mehrheitlich horizontal wachsend; Seitenzweige herabhängend.
**Zweige:** Dünn, rasch wachsend; Langtriebe mit gelblicher Rinde; junge Triebe gelblich bis hellbraun und völlig von Nadelpolstern umgeben.
**Rinde:** In jungen Jahren glatt, grünlichbraun, dann gelblich bis graubraun; im Alter Entwicklung einer bis 50 mm dicken, dunkelrotbraunen bis schwarzbraunen, schuppig abblätternden,tiefrissigen und tiefgefurchten Schuppenborke.

## *Larix kaempferi* Carrière – **Japanische Lärche**

F: Mélèze du Japon; E: Japanese Larch Pinaceae

**Verbreitung:** Beheimatet in Japan in der Region Zentral-Honsh; bevorzugt mittel- bis tiefgründige, gut drainierte und gut durchlüftete Böden mit einem hohen Kiesanteil; erträgt kalte Winter (winterhart) und auch hohe Niederschlagsmengen; 1861 durch J.G. Veitch, einem englischen Gärtner, nach Europa gebracht; in Mitteleuropa gezielt angebaut und forstlich genutzt.

**Habitus:** Bis 30 m (seltener bis 50 m) hoher Nadelbaum mit geradem und langem Stamm, einer maximalen Dicke von 1.5 m und einer breit ausladenden kegelförmigen Krone; Krone breiter als bei der europäischen Lärche; im Alter mit einer etwas aufgelockerten, schirmförmigen Krone.

**Zweige:** Jahrestriebe mit gelblicher bis rötlicher Färbung und kräftiger ausgebildet als bei der europäischen Lärche; Äste waagrecht abstehend oder bogig aufsteigend; Zweige wachsen sehr sparrig; diese mit kleinen Verdickungen versehen.

**Rinde:** In der Jugend rötlichbraun; später im Alter entwickelt sie sich zu einer hell- bis dunkel graubraunen bis grauen, tief gefurchten, sich in dünnen Platten ablösenden Schuppenborke.

## *Metasequoia glyptostroboides* Hu – **Urweltmammutbaum**

F: Métasequoia; E: Dawn Redwood Taxodiaceae

**Verbreitung:** Beheimatet in feuchten Gebirgslagen zwischen 750 m und 1300 m ü.M. (China) auf tiefgründigen, nährstoff- und humusreichen, wasserdurchlässigen Lehmböden; frosthart, reagiert aber empfindlich auf Spätfröste; sommergrüner Nadelbaum, der als lebendes Fossil gilt; wurde 1941 in einer schwer zugänglichen Bergregion Chinas entdeckt; weltweit in Parkanlagen und Gärten als Zierbaum angepflanzt.
**Habitus:** Mit einer Wuchshöhe von 30–35 m, in Einzelfällen bis 60 m hoch; der gerade wachsende Stamm an der Basis stark verbreitert, mit markanten Einbuchtungen und Längswülsten; oft mehrstämmig ausgebildet; Jungbäume mit schmal pyramidenförmiger Krone; diese im Alter zuckerhut- bis kugelförmig ausgebildet; Triebe hell rötlich oder blass purpurn, sehr dünn, leicht abgeflacht; Äste 1. Ordnung unregelmässig.
**Zweige:** Äste höherer Ordnung herabhängend, gegenständig; Bildung von Kurz- und Langtrieben; Kurztriebe fallen zusammen mit den Nadeln im Winter ab.
**Rinde:** Von Jungbäumen mit rötlichbrauner Färbung; Stämme älterer Bäume mit grauer bis graubrauner Borke, die in dünnen Streifen abblättert und die darunterliegende rotbraune innere Rinde freigibt.

## *Picea abies* (L.)H.Karst. – **Fichte, Rottanne**

F: Epicéa, Sapin rouge; E: Common Spruce, Norway Spruce Pinaceae

**Verbreitung:** Beheimatet in Mittel- Ost- und Nordeuropa; in Nordamerika eingebürgert; bevorzugt winterkaltes Kontinental- und Gebirgsklima mit ausreichend bis hohen Niederschlägen; wenn genügend Feuchtigkeit vorhanden ist, so erträgt sie die Kälte sehr gut; gut durchlüftete, tiefgründige, frische bis mässig frische, lockere Böden werden bevorzugt; wichtigster Baum der mitteleuropäischen Holzwirtschaft.
**Habitus:** Erreicht eine maximale Höhe von 60 m und ein Alter von 600 Jahren; im Freistand bis weit nach unten beastet und mit einer spitz-kegelförmigen Krone; in der oberen Stammhälfte Äste mehrheitlich aufrecht wachsend oder gerade ausgerichtet, im unteren Bereich meist bogig nach unten hängend.
**Zweige:** Nadelbasis höckerig; Zweige fühlen sich daher rau wie eine Feile an.
**Rinde:** Der jungen Stämme in tieferen Lagen mit einer rötlichbraunen, feinschuppigen Färbung, im Gebirge rötlich mit Grautönen versetzt; im Alter Entwicklung einer dunkelgrauen bis grauschwarzen und aufreissenden Schuppenborke, die sich in kleinen rundlichen Schuppen ablöst; Fichten auf der Wetterseite oft etwas grünlich gefärbt, dies bedingt durch die hier lebenden einzelligen Grünalgen.

## *Picea omorika* Purk. – **Omorika-Fichte, Serbische Fichte**

F: Sapin de Serbie; E: Serbian Spruce Pinaceae

**Verbreitung:** Das natürliche Areal umfasst ein kleines Gebiet zwischen Serbien und Bosnien-Herzegowina im Tara Gebirge beiderseits des Flusses Drina; bevorzugt Böden mit mässigem Nährstoffgehalt und neutralem pH; vor allem in Höhenlagen zwischen 800 m und 1400 m ü.M. in sommerkühler Klimalage und einer eher hohen Luftfeuchtigkeit; 1881 nach Mitteleuropa gebracht; eine robuste, winterharte und anspruchslose Gehölzart, die in Gärten und Parkanlagen sehr häufig angepflanzt wird.
**Habitus:** 20–40 m hoher Baum mit einem Höchstalter von 200 Jahren, einem schmalkegelförmigen bis säulenförmigen Wuchs und einer dicht beasteten Krone; im Freistand bis zum Boden beastet; erträgt einen gewissen Grad an Luftverschmutzung.
**Zweige:** Junge Triebe mit dichter, kurzer Behaarung und einer Vielzahl von Nadelkissen; die kurzen Äste hängend, in Scheinquirlen angeordnet, dicht verzweigt, bogig aufsteigend, mit einer aufwärts gerichteten Spitze.
**Rinde:** Hellbraune Rinde der jungen Triebe ist gefurcht; bei älteren Bäumen Bildung einer graubraunen bis orangebraunen, eher dünnen Schuppenborke; diese löst sich in papierartigen rundlichen Schuppen vom Stamm.

## *Picea pungens* Engelm. – **Blau-Fichte, Stech-Fichte**

F: Epicéa du Colorado; E: Blue Spruce, Colorado Spruce Pinaceae

**Verbreitung:** Beheimatet im südwestlichen Nordamerika; in den Rocky Mountains bildet sie einen Teil des Bergwaldes; bevorzugt tiefgründige, nährstoffreiche, feuchte bis nasse Kies- und Lehmböden zwischen 1800 m und 3300 m ü.M.; gelangte 1862 nach Europa; hier forstlich angebaut, aber auch als Ziergehölz (besonders die Fom «Glauca» mit einer silberblauen Benadelung) in Gärten und Parkanlagen; ist der Staatsbaum der US amerikanischen Staaten Colorado und Utah; neben der Nordmann-Tanne nimmt sie den zweiten Platz bei den Weihnachtsbäumen ein.
**Habitus:** Wuchshöhe 25–35 m, in der Heimat bis 50 m; Wipfeltrieb oft etwas seitlich geneigt; Jungbäume dicht beastet, mit einer pyramidenförmigen Krone; ausgewachsene Bäume kegelförmig, mit etwas hängenden Zweigen und einer offenen Krone.
**Zweige:** In der Jugend kahl, gelblichbraun bis orangebraun, völlig von Nadelkissen umgeben, deutlich gefurcht; grössere Äste meist waagrecht ausgebreitet, bei älteren Bäumen etwas abwärts gerichtet.
**Rinde:** In der Jugend graubraun und feinschuppig; im Alter Bildung einer tief gefurchten, 1–3 cm dicken, grob geschuppten, dunkel- bis schwarzgrauen Schuppenborke.

## *Pinus cembra* L. – **Arve, Zirbel-Kiefer**

F: Arolle, Pin cembro; E: Arolla Pine, Swiss Stone Pine Pinaceae

**Verbreitung:** Verbreitet in den Alpen Mitteleuropas, den Karpaten, in Sibirien und Skandinavien; bevorzugt eine kalte, lufttrockene, kontinental geprägte Klimalage; auf frischen, mässig nährstoffreichen, sauren Stein- oder Lehmböden sowie versauerten Rohhumusböden; vor allem in der subalpinen und alpinen Stufe (bis 2850 m ü.M.) wachsend; bildet mit der Lärche einen typischen Mischwald (Arven-Lärchenwald).
**Habitus:** Wuchshöhe von 15–25 m (seltener bis 25 m); erreicht normalerweise ein Alter von 200 Jahren; junge Bäume mit einem geraden Stamm, der in einer schmalkegelförmigen Krone endet; alte und freistehende Bäume sind oft krummschäftig und vielfach mehrstämmig mit einer unregelmässig ausgebildeten Krone.
**Zweige:** Junge Triebe an den Enden steil aufsteigend, gerieft, grünlich mit rötlichgelber dichter Behaarung; nach dem ersten Winter Zweige grauschwarz gefärbt; Äste fast bis auf den Boden reichend, mehrheitlich waagrecht abstehend.
**Rinde:** In jungen Jahren glatt, glänzend grünlichgrau bis graubraun; später Ausbildung zu einer graubraunen, längsrissigen Schuppenborke, die typische Längsrisse aufweist; innere Rinde rötlichbraun gefärbt.

## *Pinus mugo* Turra – **Berg-Kiefer, Krummholz-Kiefer**

F: Pin de montagne; E: Mountain Pine — Pinaceae

**Verbreitung:** In den Gebirgen Mitteleuropas beheimatet und mit einer grossen ökologischen Amplitude; auf basischen bis stark sauren, sandigen, felsigen oder torfigen, meist nährstoffarmen, flach- bis tiefgründigen Böden in der montanen und subalpinen Stufe; in den Alpen haben sich 3 Unterarten herausgebildet:
*Pinus mugo* ssp. *mugo* – die niederliegende, 3–5 m hohe, reich verzweigte Latsche oder Leg-Föhre (**1–3**) und *Pinus mugo* ssp. *uncinata* – die aufrechte Berg-Föhre mit geradem Stamm, die im Schweizer Kanton Wallis bis 2300 m hinaufsteigt (**4–6**); *Pinus mugo* ssp. *rotundata* – die Moor-Bergkiefer besiedelt in den Vogesen, dem Schwarzwald, den Bayerischen Alpen, dem Alpenvorland in der montanen und hochmontanen Stufe vor allem staunasse, saure Torfböden und Randgebiete von Hochmooren.
**Habitus:** Niederliegender Grossstrauch mit aufstrebenden Ästen oder aufrechter ein- bis- mehrstämmiger, bis 25 m hoher Baum mit breit kegelförmiger Krone; bis 300 Jahre.
**Zweige:** Der Leg-Föhre gefurcht, kahl, olivgrün bis hellbraun, später schwarzbraun.
**Rinde:** Graubraune bis grauschwarze, längsrissige Schuppenborke, die sich in kleinen Schuppen ablöst.

1

3

4

5

6

## *Pinus nigra* Arnold – **Gewöhnliche Schwarz-Kiefer**

F: Pin noir; E: Black Pine, Corsican Pine Pinaceae

**Verbreitung:** Beheimatet in der Mittelmeerregion, Kleinasien, westliches Nordafrika; bevorzugt humides und subhumides Gebirgsklima, lockere, sandige, mittel- bis flachgründige, mässig nährstoffreiche, kalk- oder silikatreiche Böden; in den Gebirgen bis 2000 m ü.M.; 1759 erstmals in die USA gebracht; relativ unempfindlich gegen Luftverschmutzung; weltweit als Forst- und Parkbaum angepflanzt.
**Habitus:** Wuchshöhe von 20–50 m; Alter bis 800 Jahre; junge Bäume mit dichter, schlank-kegelförmiger Krone; diese im Alter im unteren Bereich unregelmässig gebaut, im oberen Teil dichter beastet, von ovalem Umriss, mit weit ausladenden Ästen; Brusthöhendurchmesser bis 1.85 m.
**Zweige:** Im Jugendstadium graubraun, ockergelb bis rotbraun, kahl, glänzend; durch Schuppenreste rau anzufühlen.
**Rinde:** Junger Bäume bräunlichgrau und schuppig, mit zunehmendem Alter aufreissend; die dabei entstehenden Platten sind bei Bäumen mit westlicher Herkunft hell, diejenigen von östlichen Regionen dunkler mit fast schwarzen Furchen; alte Bäume mit dunkelbrauner bis schwarzer, tief gefurchter, grossfeldriger Schuppenborke.

# *Pinus strobus* L. – **Weymouths-Kiefer, Strobe**

F: Pin Weymouth; E: White Pine Pinaceae

**Verbreitung:** Stammt aus dem östlichen Nordamerika; in Europa erstmals durch Lord Weymouth 1705 eingeführt; in Deutschland um 1750 und ab 1880 forstlich ange-baut; bevorzugt tiefgründige, frische, humusreiche, neutrale Böden in sonnigen bis halbschattigen Lagen; wertvoller Forstbaum; auch vielfach in Gärten und Parkanlagen gepflanzt.

**Habitus:** Wuchshöhe von 20–30 m (in der Heimat bis 65 m hoch und einen Stammdurchmesser bis 4 m aufweisend); Alter bis 500 Jahre; in der Jugend kegelförmig mit lichter Krone; Äste stehen vom Stamm im rechten Winkel ab; im Alter wird der Baum zunehmend breiter und weist eine flache Krone auf; grosse Bäume können eine astfreie Schaftlänge von bis zu 20 m haben.

**Zweige:** In der Jugend dünn, biegsam, grünlich bis grünlichbraun, fein behaart, mit weichen Nadeln; später bis auf die Ansatzstellen der Nadelbündel verkahlend.

**Rinde:** Junger Bäume glatt, glänzend, graugrün bis grau; die Borkenbildung setzt relativ spät ein; im Alter entwickelt sich eine längsrissige, dunkelgraue bis grauschwarze, tief gefurchte Schuppenborke.

## *Pinus sylvestris* L. – **Wald-Föhre, Gewöhnliche Föhre**

F: Pin sylvestre; E: Scots Pine Pinaceae

**Verbreitung:** Beheimatet in Mittel- und Nordeuropa, Sibirien, Kleinasien; eine der wichtigsten Wald- und Wirtschaftsbaumarten Europas; auf mässig trockenen bis nassen, kalkhaltigen oder auch sauren, humosen Lehm-, Sand-, Kies- oder Tonböden in sommerwarmer Klimalage; die Höhenobergrenze liegt in den Zentralalpen bei 2000 m; anspruchslos und absolut winterhart.
**Habitus:** Wuchshöhe von 10–40 m; Alter bis 600 Jahre; Wuchsform sehr variabel; in der Jugend meist kugelförmig, im Alter eine unregelmässig schirmförmig gewölbte Krone ausgebildet; alte Bäume mit langem Stamm, bei dem die unteren Äste abgestorben sind; an ärmeren Standorten mit krummstämmigem Wuchs.
**Zweige:** Junge Triebe zuerst grün, glatt, etwas glänzend, später graugrün.
**Rinde:** Im oberen Kronenbereich organgefarben (fuchsrot) bis gelblichgrau, glatt; ältere Bäume sind deutlich zweifarbig; im Mittelbereich eine matt glänzende, orangerot leuchtende Rinde; im unteren Bereich Ausbildung einer dunkelbraunen bis schwarzbraunen, tiefrissigen, grosse dicke Platten und tiefe schwärzliche Furchen bildende Schuppenborke; die Rinde löst sich in dünnen Streifen ab.

## *Pseudotsuga menziesii* Franco – **Douglasfichte**

F: Sapin de Douglas; E: Douglas Fir

Pinaceae

**Verbreitung:** Heimat dieses schnellwüchsigen und immergrünen Nadelbaumes sind die küstennahen Gebirge der westlichen USA (Britisch Kolumbien bis Kalifornien); im 19. Jahrhundert in Europa eingeführt; seit dieser Zeit in bedeutendem Umfang in Forst, Parkanlagen und Gärten angepflanzt; bevorzugt tiefgründige, feuchte, gut drainierte, nährstoffreiche, lehmige Böden in luftfeuchter, regenreicher Klimalage.
**Habitus:** Wuchshöhe bis 60 m; in der Heimat 120 m erreichend (höchste Douglasie 133 m); Alter um 400 Jahre (Ausnahmen: 1400 Jahre); die kräftigsten Exemplare erreichen einen Durchmesser von 4 m; Krone in der Jugend relativ schmal kegelförmig, im Alter etwas breiter werdend.
**Zweige:** In der Jugend gelb- bis olivgrün, fein behaart, locker angeordnet, überhängend bis waagrecht; Äste bei älteren Bäumen aufsteigend oder aufwärts gerichtet.
**Rinde:** Bei jungen Bäumen viele Harzbeulen, die leicht aufgedrückt werden können; das reichliche Harz duftet nach Zitrone; grünlichgrau bis dunkelgrau gefärbt, ziemlich glatt; im Alter entwickelt sich eine dunkel- bis schwarzbraune, längsrissige, mit vielen hellen Rissen versehene, tief längsgefurchte Schuppenborke.

## *Sequoiadendron giganteum* – Riesenmammutbaum

F: Séquoia géant; E: Giant Sequoia Taxodiaceae

**Verbreitung:** Beheimatet an den Westhängen der Sierra Nevada in Kalifornien zwischen 1350 m und 2500 m ü.M. an feuchten Standorten mit hohen Niederschlagsmengen und langer Schneebedeckung; frostresistent; auf Bodenverdichtung empfindlich reagierend; 1852/1853 erste Samen nach England eingeführt; 1855 wurden in England und Schottland die ersten Exemplare angepflanzt; 1866 die ersten Setzlinge in der Wilhelma in Stuttgart; vor ca. 100 Jahren erste Pflanzungen in Schweizer Städten.
**Habitus:** Wuchshöhe in der Heimat bis 95 m und mit einem Stammdurchmesser bis über 12 m; älteste Exemplare über 2560 Jahre; Stamm säulenförmig, an der Basis auffällig verdickt, mit in der Jugend schmal kegelförmiger Krone; diese im Alter breiter und lockerer, unregelmässig gerundet; Stamm oft bis in eine Höhe von 50 m astfrei.
**Zweige:** Sehr steif, derb, blaugrün bis grünlichgrau, später rotbraun; Äste kräftig, meist etwas abwärts gerichtet mit ansteigenden Spitzen.
**Rinde:** Bis 60 cm dicke, weiche, mit den Fingern leicht eindrückbare, harzfreie, faserig schwammige, orangebraune bis dunkelrotbraune, tief längsrissige Borke mit schuppiger Struktur; sich in feinen Schuppen ablösend.

## *Taxodium distichum* (L.) Rich. – **Sumpfzypresse**

F: Cyprès chauve; E: Swamp Cypress Taxodiaceae

**Verbreitung:** Beheimatet in südlichen Gebieten der USA bis Mexiko und Guatemala; typischer Baum der Everglades in Florida, entlang des Mississippi und nordwärts bis nach Missouri; feuchte bis nasse Böden bevorzugend; Standorte, die periodisch überschwemmt werden, sind kein Problem; in Europa in Gärten und Parkanlagen nicht selten angepflanzt; bei uns benötigen sie warme Sommer.
**Habitus:** Wuchshöhe von 20–35 m; nicht selten ein Alter bis 700 Jahre erreichend, kann aber auch 1000 Jahre alt werden; Stamm im unteren Bereich sehr breit (Umfang bis 5 m), verjüngt sich dann plötzlich; mit einer kegelförmigen und abgerundeten Krone; langsam wachsend; ältere Bäume mit hohlen Wurzelausbildungen, die bei Überschwemmungen bis 1.5 m aus dem Wasser ragen können.
**Zweige:** Jungtriebe bläulichgrün; haben an ihren Kurztrieben ähnliche Nadeln wie die Eibe; Nadeln wechselständig angeordnet, lichtgrün, weich und werden im Herbst abgeworfen.
**Rinde:** Hellrot, rötlichbraun bis graubraun, längsrissig, mit meist senkrecht verlaufenden Furchen und Fasern; im Alter tief gefurcht und sich in Streifen ablösend.

## *Taxus baccata* L. – **Europäische Eibe**

F: If commun; E: Common Yew; English Yew Taxaceae

**Verbreitung:** Vom Atlasgebirge Nordafrikas über Europa, Kleinasien bis in den Kaukasus und den Nordiran vor allem in Gebieten mit milden Wintern, kühlen Sommern, viel Regen und einer hohen Luftfeuchtigkeit; schattenverträglich; bevorzugt frische, nährstoffreiche, tiefgründige Böden; keine reinen Bestände bildend; häufig bestehen Eiben aus miteinander verwachsenen Stämmen, den sogenannten Komplexstämmen.
**Habitus:** Wuchshöhe von 10–20 m, in Mischwäldern des Kaukasus bis 32 m; ein Höchstalter von 750 Jahre erreichend; junge Eiben in der Regel mit einem Stamm; ältere Bäume vielfach mehrstämmig und so einen Durchmesser von 1 m erreichend; freistehende Bäume meist bis zum Grund beastet; Krone bei jungen Eiben breit kegelförmig, im Alter breit eiförmig bis kugelig.
**Zweige:** Triebe grünlich bis bräunlichgrün, mit locker stehenden Nadelblättern; Äste aufrecht, abstehend oder leicht hängend, an den Enden jedoch meist etwas ansteigend; Zweige hängend.
**Rinde:** In der Jugend rötlichbraun und glatt; im Alter entwickelt sich eine grau- bis rotbraune, grob gefurchte und in breiten Platten abblätternde Schuppenborke.

## *Thuja occidentalis* L. – **Abendländischer Lebensbaum**

F: Thuja occidental; E: Red Cedar — Cupressaceae

**Verbreitung:** Als Heimat gelten Ostkanada und die nordöstlichen Gebiete der USA; ein Hauptverbreitungsgebiet liegt bei den grossen Seen, wo diese Art zu den bedeutendsten Waldbäumen zählt; 1536 nach Europa gebracht und hier häufig als zypressenähnlicher Baum bei Friedhöfen oder als blickdichte Hecke in Gärten angepflanzt; bevorzugt frische bis feuchte, nährstoffreiche Böden; erträgt auch schattige Standorte; empfindlich gegen saure Böden und gegen eine verdichtete Bodenoberfläche.
**Habitus:** Wuchshöhe von 20–38 m; Krone schlank, schmal kegelförmig, mit abgerundeter Spitze und einem geraden pfahlartigen Stamm; Stammbasis meist verbreitert.
**Zweige:** Äste sehr biegsam, aufgerichtet oder waagrecht abstehend; Zweige schlaff hängend, auf der Unterseite immer deutlich heller grün als auf der Oberfläche oder fast gelblich, jedoch immer ohne weissliche Zeichnung; Schuppenblätter duften zerrieben nach Äpfel.
**Rinde:** Bei jüngeren Bäumen mit einer hell- bis dunkelorangebrauner Färbung; mit dem Alter entwickelt sich eine zunehmend graubraune, deutlich längsrissige und sich in schmalen Streifen ablösende Ringborke.

## *Tsuga canadensis* Carrière – **Kanadische Hemlocktanne**

F: Sapin du Canada; E: Eastern Hemlock Pinaceae

**Verbreitung:** Beheimatet im nordöstlichen Nordamerika; bevorzugt in der Heimat mittel- bis tiefgründige, nicht zu felsige, humose, nährstoffreiche, gut mit Wasser versorgte Lehmböden; wächst an feuchten und schattigen Nord- und Osthängen der Heimat bis in eine Höhe von 1700 m ü.M.; um 1730 nach Europa gebracht; hier vor allem in Parkanlagen und Gärten als Zierbaum angpflanzt; zum guten Gedeihen benötigt diese Art eine hohe Luftfeuchtigkeit.

**Habitus:** Wuchshöhe von 20–30 m; ein Höchstalter von 1000 Jahre erreichend; mit einer breit-kegelförmigen, unregelmässig gebauten Krone und einem überhängenden Gipfeltrieb; in der Heimat mehrheitlich einstämmig, in Europa oft mehrstämmig.

**Zweige:** In der Jugend gelblichbraun, fein aber deutlich behaart, mit weichen Nadeln besetzt, völlig von Nadelkissen umgeben; junge Zweige waagrecht ausgerichtet, oft auch etwas nach oben gerichtet oder leicht hängend; ältere Äste mehrheitlich etwas nach unten gerichtet.

**Rinde:** In der Jugend grau bis rötlichbraun; in späteren Jahren entwickelt sich eine bräunliche, tief gefurchte, dicke und längsrissige Schuppenborke.

# *Acer campestre* L. – **Feld-Ahorn**

F: Erable champêtre; E: Field-Maple, Hedge Maple Aceraceae

**Verbreitung:** Ein europäisch-westasiatisches, sommergrünes, wärmeliebendes Gehölz, das in Europa, Kleinasien und Nordwestafrika beheimatet ist, vom Tiefland bis etwa in eine Höhe von knapp 1000 m ü.M. reicht und vor allem in krautreichen Laubmischwäldern, an Waldrändern und in Hecken wächst; häufig auch zur Begrünung von Strassenböschungen (auch Begleitbegrünungen an Autobahnen) und Dämmen angepflanzt; bevorzugt nährstoffreiche, wechseltrockene bis feuchte Böden; mit dem Stadtklima, der Industrie- und leichter Salzbelastung gut zurecht kommend.
**Habitus:** Wuchshöhe von 2–15 m; ein maximales Alter von 200 Jahren erreichend; mehrstämmiger, sparriger Strauch oder baumförmig mit in der Jugend einer pyramidenförmigen, später im Alter einer eiförmigen bis rundlichen, oft unregelmässig geformten Krone; einen maximalen Durchmesser von 1 m erreichend.
**Zweige:** In der Jugend olivgrün bis rötlichbraun, fein behaart, später verkahlend; viele Zweige mit flügelartigen Korkleisten versehen.
**Rinde:** Anfangs glatt, graubraun bis rötlichbraun; später wird eine graubraune bis schwarzbraune, netzrissige bis würfelförmig gefelderte Schuppenborke ausgebildet.

## *Acer griseum* (Franch.) Pax. – **Zimt-Ahorn**

F: Erable à écorce de bouleau; E: Paperbark Maple Aceraceae

**Verbreitung:** Der Zimt-Ahorn stammt ursprünglich aus West-China; in weiten Teilen Europas als Zierstrauch oder Zierbaum angepflanzt; wächst optimal auf frischen bis feuchten, gut wasserdurchlässigen, sandig-humosen Lehmböden; sommergrüne, frostharte Laubholzart mit einer leuchtend orange bis karminroter Herbstfärbung.

**Habitus:** Wuchshöhe von 5–12 m (seltener bis 20 m); ein schlanker Baum mit aufsteigenden aber gebogenen Ästen oder aber ein mehrstämmiger nicht allzu hoher Strauch; Krone breit mit lockerem Wuchs; oftmals schon von Boden aus mehrstämmig; langsam wachsend.

**Zweige:** Im jugendlichen Alter dunkel rötlich, behaart; die Behaarung bleibt 2–3 Jahre erhalten; Triebe später kahl; ältere Zweige mit zimtbrauner Rinde, die bei Berührung abfärben.

**Rinde:** Zuerst glatt und mittelbraun; später diejenige des Stammes und der dicken Äste auffallend zimtbraun; ältere Rinde sich in seitlich abrollenden papierartigen Streifen ablösend; die Ähnlichkeit mit der Farbe des Zimt gab dieser Baumart den Namen Zimt-Ahorn; besitzt in Gärten einen hohen Zierwert.

## *Acer monspessulanum* L. – **Französischer Ahorn**

F: Erable de Montpellier; E: Montpelier Maple Aceraceae

**Verbreitung:** Als Hauptverbreitungsgebiet gilt der Mittelmeerraum; reicht bis zum Kaukasus und Nordpersien; in Westeuropa nur in kleinen isolierten Vorkommen in Weinbaugebieten; natürliche Vorkommen in Gebieten des Mittelrheins und den Tälern von Mosel und Nahe (Nebenfluss des Rheins im Saarland); in Südwestdeutschland liegt die Nordgrenze der Verbreitung; bevorzugt trockene bis feuchte, neutrale bis alkalische, nährstoffreiche, lockere, sandige, lehmige, steinige Böden in sonniger bis halbschattiger Lage an Waldrändern oder in Hecken; verbreitet vor allem im Weinbaugebiet; als Ziergehölz oft angepflanzt.
**Habitus:** Grossstrauch oder kleiner Baum mit einer Wuchshöhe von 2–10 m; sparrig verzweigt mit einer unregelmässig geformten, breit eiförmigen bis rundlichen, reich verzweigten, lockeren Krone; licht- und wärmebedürftige Ahornart.
**Zweige:** In jungen Jahren gerade, kahl, wenig biegsam, braun, glänzend mit zahlreichen hellen und länglichen Lentizellen; Äste häufig drehwüchsig.
**Rinde:** Entwickelt sich zu einer flachen, längsrissigen, gefelderten, graubraunen bis schwarzbraunen Schuppenborke.

## *Acer negundo* L. – **Eschen-Ahorn**

F: Erable à feuilles de frêne; E: Ash leafed Maple Aceraceae

**Verbreitung:** Sein natürliches Verbreitungsgebiet reicht von Kanada bis Kalifornien und vom Atlantik bis in die Rocky Mountains; bereits 1688 nach Europa eingeführt; diese raschwüchsige Ahornart ist bis heute eine der am häufigsten gepflanzten fremdländischen Gehölze in Gärten und Parkanlagen; heute in Mitteleuropa weit verbreitet; als Auenpflanze werden unterschiedliche und schwankende Wasserstände gut ertragen; gegen Rauch und Staub aus städtischen Bereichen unempfindlich.
**Habitus:** Wuchshöhe von 4–15 m (in seltenen Fällen 25 m erreichend); mit einer kuppelförmig gewölben, nicht selten unregelmässig geformten, oft etwas lückigen und eine maximale Breite von 20 m erreichende Krone; diese im Alter oft brüchig und daher windbruchgefährdet; oft auch mehrstämmige Bäume.
**Zweige:** In der Jugend ziemlich dünn, schlank, nicht gekrümmt oder gebogen, grünlich, bläulich bis violett gefärbt; auch weisslich bereift; Äste kurz, steil aufgerichtet oder ausgebreitet.
**Rinde:** In der Jugend glatt, graubraun; im Alter eine dunkelgraue Farbe annehmend, etwas längsrissig und durch Algenbewuchs oberflächlich oft grünlich.

# *Acer opalus* Mill. – Schneeballblättriger Ahorn

F: Erable à feuilles d`obier; E: Italian Maple Aceraceae

**Verbreitung:** Stammt aus Südwest-Europa und kommt dort vor allem in Flaumeichenwäldern vor; im westlichen Mittelmeerraum vor allem in Bergwäldern verbreitet; auch in Nordafrika; in Mitteleuropa wächst er als Wildform nur in milden Lagen wie zum Beispiel an warmen Standorten im Schweizer Jura und in der Nähe von Grenzach (D); manchmal als Ziergehölz in Gärten und Parkanlagen; besiedelt selten die montane Höhenstufe; liebt warme, kalkhaltige, mittel- bis flachgründige, mässig frische, nährstoffreiche Lehmböden in sonniger Lage; ist gut hitzeverträglich und trockenresistent; Halbschattenbaum.

**Habitus:** Grossstrauch oder 8–20 m hoher Baum mit einer Breite bis 15 m, einer offenen, kugel- bis kuppelförmig gewölbten Krone und einem gedrungenen kurzen Stamm.

**Zweige:** Auch im Jugendstadium unbehaart, olivgrün und mit zahlreichen länglich ovalen Lentizellen besetzt.

**Rinde:** In der Jugend hellbraun bis rötlichgrau; im Alter etwas dunkler gefärbt, tief gefurcht und in rundlichen Schuppen oder Platten abfallend; diese nicht so gross wie bei der Platane; unter den abgefallenen Platten gelbliche / rötliche Flecken sichtbar.

# *Acer platanoides* L. – **Spitz-Ahorn**

F: Erable plane; E: Norway Maple Aceraceae

**Verbreitung:** Reicht im Norden bis Mittelschweden und Südfinnland und im Osten bis an den Ural; fehlt in Teilen Nordwestdeutschlands und in grossen Teilen Frankreichs; in den Nordalpen von der Ebene bis in eine Höhe von 1000 m ü. M. reichend (im Unterwallis bis 1600 m); in Laubmischwäldern, Auenwäldern, Schluchtwäldern, in Hecken; Moore werden gemieden; liebt nährstoffreiche, wasserdurchlässige, mässig trockene bis feuchte, lockere, auch kalkhaltige Böden an sonnigen oder halbschattigen Lagen; häufig auch in Parkanlagen und entlang von Strassen gepflanzt.
**Habitus:** Wuchshöhe von 20–30 m; Alter bis 200 Jahre; mit einer reich verzweigten, sehr schön gewölbten, ovalen bis fast kugeligen Krone; im Alter an Breite zunehmend; Stamm schlank, gerade, kurz.
**Zweige:** In der Jugend glänzend braun, rund, kahl, mit kleinen Lentizellen und Milchsaft führend; Äste schräg aufgerichtet oder steil aufwärts wachsend.
**Rinde:** In der Jugend glatt, grau, blassbraun bis braun; im Alter Entwicklung einer dunkelbraunen bis schwarzbraunen, fein längsrissigen und kaum oder nicht abschuppenden Schuppenborke; diese mit feinen Leistenmustern überzogen.

# *Acer pseudoplatanus* L. – **Berg-Ahorn**

F: Erable sycomore; E: Sycamore — Aceraceae

**Verbreitung:** In den krautreichen Ahorn- und Buchenmischwäldern, Berg- und Schluchtwäldern Mitteleuropas bis Westasiens beheimatet; in den Mittelgebirgen bis 1300 m ü. M., in den Nordalpen bis 1700 m ü. M. und in den Zentralalpen bis 2000 m ü. M.; Schwerpunktgebiete sind die mittleren und höheren Lagen der süd- und mitteleuropäischen Gebirge; in inneralpinen Tälern nicht mehr vorhanden; bevorzugt Lagen mit einer grossen Luftfeuchtigkeit; in Nordeuropa und den Britischen Inseln nur angepflanzt; östlich bis zu den Karpaten; im Süden bis in den südlichen Apennin.
**Habitus:** Wuchshöhe von 25–35 m; Alter bis 500 Jahre; in der Jugend raschwüchsig, mit kegelförmiger Krone; diese im Alter locker beastet, eiförmig bis breit-rundlich und knorrig; Hauptäste aufrecht wachsend; Seitenäste bogig aufsteigend.
**Zweige:** Graubraun mit helleren Lentizellen.
**Rinde:** In jungen Jahren graugrün bis rötlichbraun, glatt; mit den Jahren entwickelt sich eine graubraune bis dunkelgraue Schuppenborke, die in graubraune Platten abblättert; der Stamm ähnelt dann einer Platane, worauf der botanische Name *pseudoplatanus* hindeutet.

# *Acer saccharinum* L. – **Silber-Ahorn**

F: Erable argenté; E: Silver Maple Aceraceae

**Verbreitung:** Beheimatet im östlichen Nordamerika und dort vor allem im Tiefland verbreitet; taucht 1725 erstmals in Europa auf; bevorzugt frische bis feuchte, sandige bis lehmige, nährstoffreiche, schwach saure, neutrale bis schwach alkalische Böden; in Europa ein geschätzter Strassenbaum, der volle Sonne, aber auch etwas Schatten erträgt und frosthart ist; auch in Gärten und Parkanlagen gepflanzt; mit etwa 100 Jahren kein hohes Alter erreichend.

**Habitus:** Wuchshöhe von 10–35 m; mit zunehmendem Alter entwickelt sich eine breite, lockere, eiförmige bis rundliche Krone, die im oberen Bereich oft verbreitert ist; oft mehrstämmig; wegen dieser Mehrstämmigkeit neigen grössere Exemplare zu Windbrüchigkeit; Äste steil aufrecht wachsend.

**Zweige:** Zuerst grünlichbraun, später heller grau bis graubraun; Seitenzweige bei freistehenden Bäumen oft bis an den Boden reichend.

**Rinde:** In der Jugend glatt, grau bis graubraun; im Alter eine mehr oder weniger glatt bleibende, mit einem feinen Netzwerk aus Leisten und flachen Rinnen überzogene, fein längsrissige Schuppenborke ausgebildet; in sehr feinen Plättchen abschuppend.

# *Aesculus x carnea* Hayne – **Fleischrote Rosskastanie**

F: Marronnier rouge; E: Red Horse Chestnut Hippocastanaceae

**Verbreitung:** Kreuzung zwischen der von der Balkanhalbinsel stammenden weissblühenden gewöhnlichen Rosskastanie (*Aesculus hippocastanum*) und der rotblühenden nordamerikanischen Roten Pavie (*Aesculus pavia*); 1818 wurde die erste fruchtbare Kreuzung festgestellt; bevorzugt nährstoffreiche, nicht zu trockene, sandig-lehmige Böden in sonniger bis halbschattiger Lage; in Mitteleuropa häufig in Parkanlagen und grossen Gärten angepflanzt; erträgt vorübergehend Überschwemmungen; Samen und Samenschalen für Rinder und Mensch leicht giftig; rauchhart.

**Habitus:** Wuchshöhe von 3–22 m; mit einer dicht verzweigten, dicht geschlossenen, kugeligen, 8–15 m breiten, unregelmässig verzweigten Krone; Stamm gerade wachsend und bis in die Krone gut verfolgbar.

**Zweige:** Hell grünlichgrau bis rötlichgrau, mit auffällig orangefarbenen Lentizellen; Äste steil aufgerichtet, im unteren Kronenbereich auch abstehend oder gegen den Boden geneigt.

**Rinde:** Zu Beginn dunkelgrün bis bräunlichgrau, etwas später rötlichbraun mit vielen Lentizellen; alte Borke graubraun, gefeldert und rau; oft bilden sich Maserknollen.

## *Aesculus hippocastanum* L. – Gewöhnliche Rosskastanie

F: Marronnier d'Inde; E: Horse Chestnut — Hippocastanaceae

**Verbreitung:** Ursprünglich nur in den Bergwäldern der Balkanhalbinsel heimisch; in Nordgriechenland in Höhenlagen bis 1300 m ü.M. in Berg- und Schluchtwäldern; in Mitteleuropa erst seit dem 16. Jahrhundert angesiedelt; nordwärts bis Skandinavien reichend; bevorzugt nährstoffreiche, tiefgründige, frische, neutrale bis basenreiche Sand- und Lehmböden; meidet Boden- und Lufttrockenheit; frosthart; salzempfindlich; häufig in Biergärten, bei Restaurants und in Parkanlagen als Schattenspender.
**Habitus:** Wuchshöhe von 20–30 m; Alter bis 250 Jahre; meist ein kurzschäftiger, stattlicher Baum mit einer regelmässig gestalteten, sehr dichten, breit-eiförmigen bis runden Krone; alte Bäume können einen Stammdurchmesser von 2 m erreichen.
**Zweige:** Graubraun bis braun mit zahlreichen helleren Lentizellen besetzt; Äste im unteren Kronenbereich sehr kräftig, abstehend oder steil aufwärts gerichtet; Aussenzweige zuletzt herabhängend; Stamm stets rechtsdrehwüchsig.
**Rinde:** Bei jungen Bäumen glatt, hell bräunlich, später zunehmend rötlichgrau oder dunkler braun; alte Bäume mit einer graubraunen Schuppenborke; ihre grobrissigen und an ihren Enden aufbiegenden Platten blättern in feinen Schuppen ab.

## *Ailanthus altissima* Swingle – **Götterbaum**

F: Ailanthe; E: Tree of Heaven Simaroubaceae

**Verbreitung:** Ursprünglich in China und im nördlichen Vietnam beheimatet; seit Mitte des 18. Jahrhunderts in anderen Teilen Asiens, in Amerika und Europa angepflanzt; 1740 gelangten die ersten Pflanzen nach Europa (Paris); später wurde auch Afrika und Australien besiedelt; bevorzugt tiefgründige, lockere Böden in wärmeren Lagen des Tieflandes und der kollinen Stufe; diese wärme- und lichtbedürftige Gehölzart wird in Park- und Gartenanlagen als Zierbaum häufig gepflanzt; im Tessin auch in Wäldern anzutreffen und hier verwildert.
**Habitus:** Wuchshöhe von 10–30 m; meist weniger als 100 Jahre alt werdend; schnellwüchsiger Baum mit einer breiten, oft mehrstämmigen, etwas unregelmässig gestalteten, nicht allzu ausladender Krone und geraden, kräftigen Stämmen.
**Zweige:** In jungen Jahren grünlich, kurz behaart, später gelb- oder rötlichbraun und kahl; Äste steil aufgerichtet, locker, unregelmässig verzweigt.
**Rinde:** Glatt, mit einer graubraunen bis schwarzbraunen Färbung; ältere Borke hell längsstreifig gemustert, flach gerippt; Längsstreifen deutlich kantig; Rinde enthält Bitterstoffe (z.B. Ailanthin), die bei Berührung zu Hautausschlägen führen können.

## *Alnus glutinosa* (L.) Gaertn. – **Schwarz-Erle, Rot-Erle**

F: Aulne commun, Aulne glutineux; E: Common Alder Betulaceae

**Verbreitung:** Heimisch in fast ganz Europa; reicht östlich bis nach Sibirien und südlich bis nach Nordafrika; in Mitteleuropa vom Flachland bis in eine Höhe von 1200 m ü.M. verbreitet; bevorzugt nährstoffreiche, frische bis feuchte, schwach saure bis neutrale Böden in halbschattigen bis sonnigen Lagen; bildet einen wichtigen Beitrag zum Hochwasserschutz; stehendes Wasser und Staunässe ertragend.
**Habitus:** Wuchshöhe von 5–30 m; Alter bis 120 Jahre, Nutzungsalter im Forst zwischen 60 und 80 Jahren; Krone breit kegelförmig bis rundlich, gewölbt oder mit einer kurzen Spitze, reich verzweigt, locker beastet und meist einstämmig; Stamm meist kerzengerade ausgebildet und bis zum Wipfel durchgehend.
**Zweige:** Junge Triebe grün oder hell purpurn und mit auffallend weisslichen bis orange gefärbten Lentizellen; Zweige später rötlichbraun bis dunkelbraun, im unteren Kronenbereich aufsteigend, im oberen Teil mehrheitlich waagrecht abstehend.
**Rinde:** Zunächst glänzend gründlich graubraun und glatt; später entwickelt sich eine dunkelbraune, dunkelgraue bis schwarze, in längliche oder quadratische Felder aufreissende, zerklüftete und längsrissige Schuppenborke.

## *Alnus incana* (L.) Moench. – **Grau-Erle**

F: Aulne blanc; E: Grey Alder Betulaceae

**Verbreitung:** Beheimatet in Mittel-, Nord- und Osteuropa wo sie bis zum Kaukasus reicht; in Skandinavien bis zum 70. Breitengrad; von der Ebene bis in eine Höhe von 1400 m ü.M. verbreitet, jedoch Hauptverbreitungsgebiet zwischen 1100 m ü.M. bis 1400 m ü.M.; bevorzugt neutrale bis leicht basische, nährstoffreiche Sand-, Schotter- und Kiesböden; überwiegend im Bereich der Flüsse, in Auenwäldern, bei Halden zu deren Befestigung, bei Aufschüttungen zur Stabilisierung des Bodens; frostbeständig, doch etwas sensibel gegen Spätfröste; weitgehend unempfindlich gegen Dürre und Hitze.
**Habitus:** Wuchshöhe von 5–15 m (seltener bis 25 m); kaum älter als 50 Jahre; vom Boden an oft mehrstämmiger, reichverzweigter Baum oder grosser Strauch mit einer pyramidenförmigen bis breit kegelförmigen, nicht allzu dichter Krone, die im oberen Bereich etwas zugespitzt ist; Stammdurchmesser bis 40 cm.
**Zweige:** Junge Triebe glatt, olivgrün bis graugrün, schwach behaart, später verkahlend; Äste sehr locker angeordnet.
**Rinde:** Hellgrau, glatt und reisst im Alter kaum auf; das Periderm bleibt als Abschlussgewebe an Stämmen und Ästen erhalten; nur selten Borkenbildung.

## *Alnus viridis* (Chaix). – **Grün-Erle, Alpen-Erle**

F: Aulne vert; E: Green Alder Betulaceae

**Verbreitung:** Beheimatet in den Hochlagen des Mittelgebirges, der Balkanhalbinsel, der Alpen und Karpaten; in Korsika mit einem sehr niedrigen Wuchs; vorwiegend in der montanen und subalpinen Stufe zwischen 1300 m ü.M. und 2800 m ü.M. auf feuchten, schattigen und steinigen Hängen, an Waldrändern, entlang von Bächen, in lichten und nassen Mischwäldern; bevorzugt mässig nährstoffreiche, meist tiefgründige, feuchte, kalkarme Lehm-, Ton- oder Steinböden; in der alpinen Stufe bis zur Waldgrenze reichend, wo auch ganze Bestände gebildet werden; besitzt eine grosse Bedeutung als Pionier- und Vorwaldgehölz.
**Habitus:** Vielstämmiger, reich verzweigter, breit ausladender Strauch mit einer Wuchshöhe von 3–6 m; Krone eiförmig bis elliptisch; Alter bis 110 Jahre; an geeigneten Standorten grössere Bestände bildend; entlang von Lawinenhängen kann die Alpen-Erle durch die Schneemassen bis in die Täler verschleppt werden.
**Zweige:** Junge Triebe anfangs fein behaat, später verkahlend, klebrig, schwach kantig, später gerundet, olivgrün bis rötlichbraun gefärbt.
**Rinde:** In der Jugend glatt, grau; im Alter eine graubraune bis schwärzliche Borke.

## *Berberis vulgaris* L. – Gewöhnliche Berberitze

F: Bérbéris; Epine-vinette; E: Common Barberry Berberidaceae

**Verbreitung:** Beheimatet in West-, Mittel- und Südeuropa; im Osten bis zum Kaukasus; vom Tiefland bis 2500 m ü.M.; auf den Britischen Inseln und in Skandinavien fehlend; bevorzugt kalkhaltige, trockene bis mässig feuchte Böden vor allem an sonnigen und warmen Standorten; in lichten Laubwäldern, Föhrenwäldern, Hecken, felsigen Orten, aber auch in lichten Auen; überlebt noch auf den dürrsten und heissesten Böden in Europa; weil sie Zwischenwirt des Getreiderostes ist, wurde sie in vielen Gegenden ausgerottet; in Deutschland zerstreut vorkommend; viele Berberitzenarten werden als Ziersträucher kultiviert und sind als Gartenpflanzen sehr beliebt.
**Habitus:** Wuchshöhe von 1–3 m; kräftiger, mit bogig aufsteigenden Ästen versehener Strauch, der mit vielen dreiteiligen Dornen versehen ist; bei den Dornen handelt es sich um umgewandelte Blätter von Langtrieben; diese Dornen dienen der Vermeidung von Tierverbiss.
**Zweige:** Junge Triebe weisslichgrün, kantig und längsstreifig; Äste rautenförmig.
**Rinde:** Äusserlich gelblichbraun und innerlich leuchtend gelb; ältere Zweige und der Stamm mit gelblichbrauner bis graubrauner Ringborke.

## *Betula pendula* Roth. – **Hänge-Birke, Sand-Birke**

F: Bouleau blanc; E: European White Birch, Silver Birch Betulaceae

**Verbreitung:** Heimisch in ganz Europa mit Ausnahme von Nordskandinavien; Hauptverbreitung in borealen Nadelmischwäldern Sibiriens und Skandinaviens; in den Südalpen bis 1900 m ü.M. hinaufsteigend; liebt nährstoffarme, trockene Sand- und Lehmböden; besiedelt jedoch auch steinige und felsige Böden; sehr lichtbedürftig; weist einen grossen Wasserverbrauch auf; ein wichtiger Pionierbaum.
**Habitus:** Wuchshöhe von 5–25 m (seltener bis 30 m); Alter bis 150 Jahre; mit schlankem und elegantem Wuchs und lockerer, hochgewölbter Krone; mit spitzwinklig aufsteigenden Ästen; Seitenzweige oft sehr lang und bis weit herunterhängend; Stammdurchmesser bis 90 cm.
**Zweige:** Jungtriebe grau- bis schwarzbraun, dicht mit warzigen Harzdrüsen besetzt.
**Rinde:** In der Jugend mit auffälliger papierähnlicher weisser Glattrinde, die durch ein Oberflächenperiderm gebildet wird; diese platzt später auf und wird von einem Tiefenperiderm abgelöst; weisse Farbe der Rinde durch Einlagerung von Betulin zustande kommend; dieses reflektiert das Licht weitgehend; mit zunehmendem Alter der Bäume Bildung einer groben, tiefrissigen, längsgefurchten, dunklen Schuppenborke.

# *Betula pubescens* Ehrh. – **Moor-Birke**

F: Bouleau pubescent; E: Downy Birch, White Birch Betulaceae

**Verbreitung:** In den gemässigten Klimazonen Europas und Asiens; bis nach Island, Skandinavien, Russland; nach Süden bis Norditalien und im Balkangebiet bis zum Kaukasus; bis in eine Höhe von 2200 m ü.M. reichend; auf feuchten bis nassen, kalkarmen, sauren, torfigen Moor- und Anmoorböden mit einer geringen bis sehr geringen Nährstoffversorgung; gedeiht auch in Wäldern, bei Feld- und Wegrändern und an Ufern auf sandigen Böden; Pionierbaum, der rasch neue Lebensräume besiedelt.
**Habitus:** Wuchshöhe von 5–30 m; Alter bis 120 Jahre; strauchig ausgebildet oder 1-bis mehrstämmiger Baum; Krone bereits von Anfang an weniger schlank ausgebildet als bei *Betula pendula*; eine Breite bis 12 m erreichend.
**Zweige:** In der Jugend glatt, rötlichbraun, flaumig behaart, aber nicht mit Harzdrüsen besetzt; Äste im Alter verkahlend, grau, waagrecht bis aufsteigend, aber nicht überhängend, im Kronenbereich weit ausladend.
**Rinde:** In der Jugend schmutzig weiss bis grauweiss, deutlich von waagrecht verlaufenden Rissen durchzogen, niemals in rautenförmige Platten gefeldert wie bei der Hänge-Birke; im Alter Bildung einer rissigen und dunklen Borke.

## *Buxus sempervirens* L. – **Buchsbaum, Europ. Buchs**

F: Buis commun; Buis bénit E: Boxwood, Common Box Buxaceae

**Verbreitung:** Beheimatet in Mittel- und Südwesteuropa, Nordafrika und Westasien; im Norden bis nach Südengland, im Osten bis in den Nordiran; vom Tiefland bis in die Gebirgsstufe; in den Pyrenäen bis 1650 m ü.M. und in Griechenland am Olymp bis in eine Höhe von 2000 m zu finden; liebt einen lockeren, kalkhaltigen, durchlässigen, mittelgründigen Steinschuttboden an trockenen Orten mit milden Wintern; häufig als Zier- und Nutzgehölz in Parkanlagen, Gärten oder bei Friedhöfen angepflanzt; bei uns verschiedentlich in Laubmischwäldern verwildert; eine klassische Heckenpflanze der Bauerngärten.
**Habitus:** Bis 4 m hoch werdender, dicht verzweigter Strauch oder bis 8 m hoher Baum mit einem unregelmässigen Wuchs; im Kaukasus die Höhe von 16 m erreichend; sehr langsam wachsend; Buchsbäume sind sehr giftig.
**Zweige:** Junge Triebe 4-kantig, grünlich gefärbt, später rundlich und bräunlichgrau.
**Rinde:** In der Jugend grünlich bis mittelbraun; im Alter Bildung einer graubraunen bis braunen, deutlich in kantige Felder zerrissenen Schuppenborke; vor allem die Rinde und die Blätter enthalten das Buxin und weitere Alkaloide.

## *Carpinus betulus* L. – **Hainbuche, Weissbuche**

F: Charme commun, Charmille; E: Common Hornbeam Betulaceae

**Verbreitung:** Beheimatet in Europa und Südwestasien; Nordgrenze im Südwesten von England und im Norden Dänemarks; grösste Verbreitung vom Tiefland bis in eine Höhe von 1000 m ü.M.; im Kaukasus bis 2000 m hinaufwachsend; liebt nährstoffreiche, gut mit Wasser versorgte, tiefgründige, sandige oder steinige Lehm- und Tonböden; bestandesbildend in Eichen-Hainbuchenwäldern; wird auch häufig in Parkanlagen, bei Gärten und entlang von Strassen als Hecke gepflanzt.
**Habitus:** Wuchshöhe von 10–20 m; im Kaukasus eine Höhe von 35 m erreichend; Alter bis 200 Jahre; reich verzweigt, zunächst mit einer kegelförmigen, im Alter weit ausladender rundlicher Krone; freistehende Bäume bilden eine mächtige breit-ovale, schön gewölbte Krone aus; oft schon in geringer Höhe in stärkere Äste gegabelt.
**Zweige:** Zuerst anliegend behaart, glänzend grünlichbraun bis braun, später verkahlend, mit zahlreichen weissen und elliptisch geformten Lentizellen; Äste steil aufwärts wachsend, sich jedoch im Alter mehrheitlich in die Horizontale biegend.
**Rinde:** In der Jugend dünn, silber- bis dunkelgrau gefärbt, glatt; im Alter mit längsverlaufendem Netzmuster, graubraun bis dunkelgrau, kaum abblätternd.

## *Castanea sativa* Mill. – **Edel-Kastanie, Ess-Kastanie**

F: Châtaignier commun; E: Spanish (Sweet) Chestnut    Fagaceae

**Verbreitung:** Heimat der Wildform Südosteuropa und Kleinasien; wohlschmeckende Kastaniensorten kamen erst etwa im 5. Jahrhundert v. Chr. von Kleinasien nach Griechenland und von dort nach Italien und Spanien; bevorzugt mittel- bis tiefgründige, gut durchlüftete, mässig frische, lockere, mässig nährstoffreiche Böden in warmen Lagen; Spätfrost und extreme Klimaschwankungen nicht ertragend; vom Tiefland bis in eine Höhe von 700 m ü.M. verbreitet; zählt zu den ältesten Kulturpflanzen Europas; durch die Römer nach Mitteleuropa gebracht; Halbschattenpflanze.
**Habitus:** Wuchshöhe von 10–35 m; Alter bis 500 Jahre; Stammdurchmesser zwischen 1 und 2 m, bei alten Bäumen bis 4 m; mit kräftigem, geradem und häufig drehwüchsigem Stamm, der schon in geringer Höhe in starke Äste übergeht; junge Krone kegelförmig, mit dem Alter eine rundliche Form annehmend; Krone bis 15 m breit.
**Zweige:** Zuerst olivbraun bis rotbraun, kantig, kahl, mit vielen elliptisch geformten und weisslichen bis hellbraunen Lentizellen.
**Rinde:** In der Jugend glatt, silbrig grau bis rötlichgrau; im Alter Bildung einer rauen, längsrissigen, graubraunen, breitstreifigen und tief gefurchten Schuppenborke.

## *Catalpa bignonioides* Walter. – **Gew. Trompetenbaum**

F: Catalpa de la Caroline; E: Indian Bean Tree Bignoniaceae

**Verbreitung:** Beheimatet im südöstlichen Teil von Nordamerika; auch in wärmeren Gebieten Ostasiens zu finden; in Europa als sehr dekorativer Blütenbaum in grossen Gärten, bei Fussgängerzonen in der Stadt und in Parkanlagen angepflanzt; bevorzugt einen frischen bis feuchten, tiefgründigen, nährstoffreichen, lehmigen Boden in halbschattigen bis sonnigen Lagen; alle Pflanzenteile, mit Ausnahme der Samen, sind leicht giftig und enthalten als Hauptgiftstoff Catalpin; industrie- und stadtklimafest.
**Habitus:** Wuchshöhe von 2–20 m; Krone breit gewölbt, rundlich, recht offen und licht mit weit ausladenden Ästen; Stamm kurz, sehr stark verzweigt; berühren die weit ausladenden Äste den Boden, so schlagen sie Wurzeln.
**Zweige:** In der Jugend hell- bis mittelbraun, dick mit auffallend grossen Blattnarben; Äste im unteren Kronenbereich selten ganz gerade, sondern etwas gebogen; diese im oberen Teil meist aufwärts wachsend.
**Rinde:** Zuerst grünlichbraun bis hell graubraun, dünn und glatt; im Alter Entwicklung einer deutlich graubraunen bis braunen, etwas dunkler gefurchten, zunehmend in kleine rundliche oder eckige Schuppen abblätternden Schuppenborke.

## *Celtis australis* L. – **Südlicher Zürgelbaum**

F: Micocoulier; E: Nettle Tree Ulmaceae

**Verbreitung:** Beheimatet in Südwestasien und dem Mittelmeergebiet entlang von Flüssen, auf felsigen Hängen bis in eine Höhe von 2500 m ü.M.; auch im Kaukasus, bis Nepal, der Türkei und Madeira; vielfach auch als zierliches Gehölz in Hecken; heute zunehmend in Mitteleuropa in wintermilden Gegenden als hervorragender Strassen- und Stadtbaum angepflanzt; liebt trockene Standorte und durchlässigen Boden; mit kräftigen Wurzeln, die auch auf felsigem Untergrund einen guten Halt garantieren; in der Jugend etwas frostempfindlich; erträgt das Industrie- und Stadtklima sehr gut; wird auch Nesselbaum genannt.

**Habitus:** Wuchshöhe in Mitteleuropa bis 15 m, im Mittelmeerraum 25 Höhe erreichend; Alter bis 500 Jahre; Krone rundlich gewölbt, oft sehr breit ausladend oder nach einer Seite überhängend; oft mit tief hängenden Ästen; kurzer Stamm; Baum oft auch vielstämmig ausgebildet.

**Zweige:** In der Jugend bräunlich, dicht behaart, später dunkelbraun, verkahlend.

**Rinde:** Glatt und bleigrau oder blassbräunlich gefärbt; bei älteren Bäumen Borke meist grau bis hellbraun.

## *Cercidiphyllum japonicum* Siebold – **Katsurabaum**

F: Cercidiphyllum; E: Katsura Tree Cercidiphyllaceae

**Verbreitung:** Stammt aus Ostasien (vor allem China und Japan), ist dort vor allem in Wäldern, an Waldrändern, entlang von Flüssen bis 2700 m ü.M. verbreitet und wird als Zierpflanze und Holzlieferant genutzt; in Europa seit etwas 100 Jahren eingeführt; hier in Gärten und Parkanlagen angepflanzt; bevorzugt tiefgründige, humose, nährstoffreiche, sandige oder lehmige Böden in halbschattiger bis sonniger Lage.
**Habitus:** Wuchshöhe von 4–12 m; in der Heimat bis 30 m; mit durchgehendem Stamm, nicht selten jedoch mehrstämmig; mit einer zunächst länglich-kegelförmigen, später breitkegeligen zugespitzten Krone; auch Kuchenbaum genannt, dies wegen seiner welken Blätter, die einen ausgeprägten Duft nach Lebkuchen entwickeln.
**Zweige:** In der Jugend grünlichbraun, sehr schlank, gerade oder leicht gebogen, später korallenrot oder rötlichbraun glänzend, mit hellen Lentizellen; Äste gerade abstehend oder nach oben gerichtet.
**Rinde:** Zuerst graugrün, glatt; mit den Jahren entwickelt sich eine graubraune, unregelmässig gefurchte, fein gefelderte, längsrissige Borke, die in langen Streifen abblättert.

## *Cercis siliquastrum* L. – **Judasbaum**

F: Arbre de Judée, Gainier; E: Redbud Caesalpiniaceae

**Verbreitung:** Ursprüngliche Heimat ist das östliche Mittelmeergebiet und Vorderasien; in dichten Wäldern und an Flussufern; heute im gesamten mediterranen Raum angepflanzt; auch in den USA eingeführt; in unseren Breitengraden als Zierbaum in Parkanlagen und Gärten an geschützten Standorten gepflanzt; liebt durchlässige, mässig trockene bis trockene, mässig nährstoffreiche, meist kalkhaltige Böden an warmen, sonnigen und geschützten Lagen; empfindlich gegen Nässe; stadtklimafest; eine der wenigen europäischen Gehölze mit Stammblütigkeit; die Blüten treiben nicht nur aus dünnen Ästen aus, sondern auch aus dicken Ästen und aus dem Stamm.
**Habitus:** Wuchshöhe von 2–10 m; Strauch oder kleiner Baum; Krone schirmförmig ausgebreitet, ebenso breit wie hoch, oft auch einseitig überhängend; Stamm oft gewunden, höchstens 8–10 cm in der Dicke.
**Zweige:** In der Jugend schwach bereift, kahl, glänzend mittel- bis dunkelbraun; Äste abstehend oder bogig aufsteigend.
**Rinde:** Rötlichbraun; später im Alter dunkelbraun bis fast schwarz, in regelmässige kleine rechteckige Plättchen gefeldert.

## *Cornus mas* L. – **Kornelkirsche, Tierlibaum**

F: Cornouiller mâle; E: Cornelian Cherry — Cornaceae

**Verbreitung:** Beheimatet in Mittel- und Südeuropa und Kleinasien; bevorzugt mittel- bis tiefgründige, basen- und nährstoffreiche, lockere, humose Lehm- und Steinböden in halbschattigen und sonnigen Lagen; in trockenen Laubwäldern, an Waldrändern, bei sonnigen Felsen; vom Tiefland bis in die untere montane Stufe verbreitet; in den Südalpen bis auf eine Höhe von 1300 m ü.M. hinaufsteigend; fehlt in England und den skandinavischen Ländern, jedoch in Südschweden angepflanzt; oft auch als Zierstrauch in Gärten und Parkanlagen gezogen; wegen der frühen Blütezeit wichtiges Bienennährgehölz; auch als Obstgehölz zur Herstellung von Marmelade und Likör kultiviert; zählt zu den bekanntesten Wildobstarten Europas.
**Habitus:** Wuchshöhe von 3–8 m; Alter bis 50 Jahre; sparrig verzweigter Grossstrauch oder kleiner, gedrungen wachsender Baum, der eine rundliche Krone aufweist.
**Zweige:** In der Jugend grün, sonnenseits gerötet, schwach 4-kantig, fein anliegend behaart; Zweige im Alter rundlich und überhängend.
**Rinde:** Zuerst gelblichgrau bis rötlichbraun; später Bildung einer gelb- bis graubraunen, in dünnen gebogenen Platten abblätternden Schuppenborke.

## *Cornus sanguinea* L. – **Blutroter Hartriegel**

F: Cornouiller sanguin; E: Common Dogwood, Dogberry Cornaceae

**Verbreitung:** Beheimatet in Europa, im Kaukasus, in Kleinasien; in Mitteleuropa weit verbreitet; bevorzugt mässig trockene bis frische, nährstoff- und basenreiche aber auch leicht saure, humose Lehmböden; meidet staunasse Böden; in lichten, krautreichen Buchen- und Eichen-Hainbuchenwäldern, an Waldrändern, in Auenwäldern, entlang von Flussufern, aber auch an trockenen Abhängen auf leicht steinigen Böden; vom Tiefland bis in eine Höhe von 1200 m ü.M. verbreitet; Licht- und Halbschattenpflanze; resistent gegen Stadtklima; wenig salzverträglich; frosthart, sehr anpassungsfähig.
**Habitus:** Wuchshöhe von 1–5 m; vielstämmiger, aufrecht wachsender, reich verzweigter Strauch, der eine Breite bis 4 m erreichen kann; Äste rutenförmig aufsteigend und reich verzweigt.
**Zweige:** Im ersten Jahr grün und sonnenseits glänzend rot oder rötlichbraun, dicht anliegend behaart; auf der lichtzugewandten Seite besonders viele rote Farbstoffe eingelagert; ältere Zweige verkahlend und grau bis graubraun gefärbt.
**Rinde:** Schattenseits grünlichbraun bis grünlichgrau, sonnenseits rot, grau gestreift; ältere Zweige verlieren die intensive Rotfärbung; Schuppenborke dunkel.

## *Corylus avellana* L. – **Gewöhnliche Hasel**

F: Noisetier commun, Coudrier; E: Hazel, Cob — Betulaceae

**Verbreitung:** Beheimatet in Europa (Ausnahme Nordskandinavien, Nordrussland), im Kaukasus, in Kleinasien; im südlichen Europa auf die Gebirge beschränkt; vom Tiefland bis 1700 m ü.M.; bevorzugt feuchte, gut durchlüftete, neutrale bis alkalische und warme Böden mit einem hohen Humusgehalt; in lichten Laubmischwäldern, Hecken, an Waldsäumen, entlang von Bachufern; absolut frosthart; Lichtpflanze.
**Habitus:** Wuchshöhe von 2–6 m; Alter bis 100 Jahre; wächst meist als vielstämmiger Strauch, in seltenen Fällen auch als bis 10 m hoher Baum; an der Stammbasis Bildung zahlreicher Schösslinge, die sich im 2. Jahr verzweigen, später zur Seite neigen und so die breite Strauchform bilden.
**Zweige:** In jungen Jahren olivgrün, auf der Lichtseite ockerbraun, mit kurzen Haaren dicht besetzt, mit zahlreichen grossen, rundlichen bis länglichen und hellen Lentizellen; Triebspitzen durch rötlichbraune Drüsenhaare gekennzeichnet.
**Rinde:** Glänzend, glatt, mit graubrauner Färbung; im Alter wird die Rinde dunkler braun, längsrissig, ist mit Lentizellen besetzt und löst sich in schmalen Streifen ab; es wird keine echte Borke ausgebildet.

## *Corylus colurna* L. – **Baum-Hasel**

F: Noisetier de Byzane; E: Turkish Hazel Betulaceae

**Verbreitung:** Ursprüngliche Heimat in den Bergwäldern von Süd- und Südwesteuropa, vom Kaukasus, von Kleinasien und reicht bis in die Region des Himalaya; im Mittelmeergebiet und in der Türkei sehr verbreitet; bevorzugt frische bis trockene, durchlässige, nährstoffreiche, tiefgründige, schwach saure bis alkalische Böden in sonnigen Lagen; in Mitteleuropa bereits seit Beginn des 16. Jahrhunderts angebaut; heute zunehmend als Strassen- und Parkbaum gepflanzt; erträgt kalte Winter, volle Sonnenbestrahlung, Luftverschmutzung und Lufttrockenheit; bildet in Niederösterreich und Ungarn ganze Bestände.
**Habitus:** Wuchshöhe von 15–25 m (seltener bis 35 m); in jungen Jahren mit schlanker Krone; diese im Alter breit kegelig und meist nicht mehr zugesitzt, sondern stumpf; freistehende Parkbäume bilden eine gewaltige Krone aus.
**Zweige:** Mit einer quirlständig angeordneten und breit abstehenden Beastung.
**Rinde:** Bei jungen Zweigen dicht drüsig behaart, grünlichbraun bis hell graubraun; im Alter Bildung einer graubraunen, gefelderten, flachfurchigen, auffallend rissigen Schuppenborke.

## *Crataegus laevigata* (Poir.) DC – **Zweigriffliger Weissdorn**

F: Aubépine à deux styles; E: English Hawthorn, May Rosaceae

**Verbreitung:** Beheimatet in fast ganz Europa; nördlich bis Südskandinavien, im Süden bis zu den Pyrenäen und Norditalien und im Osten bis nach Polen; in Deutschland in allen Bundesländern heimisch; in den Alpen, im Schwarzwald und am Oberrhein nur zerstreut vorkommend; in lichten Buchen-, Eichen- und Kiefernwäldern, Weinbergen, Hecken, Gärten, an Waldrändern, entlang von Wegrändern vom Tiefland bis in eine Höhe von 1500 m ü.M.; bevorzugt feuchte, nährstoffreiche, humose, basenreiche bis mässig saure Lehmböden; stark kalkhaltige Böden meidend; wichtiges Pioniergehölz; Halbschatten-/Lichtpflanze.

**Habitus:** Wuchshöhe von 2–10 m; Strauch oder kleiner Baum mit zahlreichen Sprossdornen und einer starken Verzweigung; die Dornen weisen eine Länge von 10–20 mm auf; Strauch fast ebenso breit wie hoch.

**Zweige:** Junge Triebe glatt, schwach behaart oder kahl, graubraun, später alle kahl; Kurztriebe dornig endend; mit unauffälligen Lentizellen.

**Rinde:** Zuerst olivgrün, hellgrau bis graubraun, glatt; alte Stämme mit einer dunkelbraunen bis dunkelgrauen, eine rissige Struktur aufweisenden Schuppenborke.

## *Crataegus monogyna* Jacq. – **Eingriffliger Weissdorn**

F: Aubépine monogyne; E: English Hawthorn, May Rosaceae

**Verbreitung:** Beheimatet in Mittel- und Südeuropa; wächst auch in Vorderasien und Nordwestafrika; häufigste Weissdornart in Mitteleuropa; vom Tiefland bis in eine Höhe von 1500 m ü.M.; bevorzugt frische bis trockene, lockere, durchlässige, schwach saure bis kalkhaltige und lehmige Böden in sonnigen bis halbschattigen Lagen; in Hecken, an Waldrändern, felsigen Hängen und Böschungen, bei Zäunen, entlang von Strassen; auch in Gärten und Parkanlagen angepflanzt; gilt als guter Windschutz in Hecken; nur schlecht salzertragend.
**Habitus:** Wuchshöhe von 2–6 m; seltener bis 12 m hoher Baum; robuster, unregelmässig gebauter Strauch oder kleiner Baum mit einer dichten Verzweigung und ausgeprägter Bedornung; Weissdornhecken sind schwer zugänglich und deshalb ideale Rückzugsgebiete für Tiere und Brutplätze für Vögel; Krone dicht und ausgebreitet.
**Zweige:** In der Jugend grünlichbraun bis rötlichbraun, spärlich behaart, mit geraden 10–20 mm langen Dornen.
**Rinde:** Zuerst glatt, olivgrün bis mittelbraun; später Bildung einer dunkelbraunen, in Rechtecke zerrissenen Schuppenborke mit organgefarbenen Sprüngen.

# *Euonymus europaeus* L. – Spindelstrauch, Pfaffenhütchen

F: Bonnet de prêtre, Fusain d`Europe; E: Common Spindle Celastraceae

**Verbreitung:** Beheimatet in fast ganz Europa; Schwerpunkt in Mitteleuropa; nördlich bis Irland, Schottland, Südschweden und Dänemark; östlich bis nach Sibirien; südlich bis nach Spanien und westlich bis zum Atlantik; bevorzugt gut durchlüftete, nährstoffreiche, tiefgründige, kalkhaltige, wechselfeuchte Lehm- und Tonböden an halbschattigen bis sonnigen Lagen; in Laubmischwäldern, Auenwäldern, entlang von Waldrändern und Flüssen, bei Böschungen; wertvolles Flurgehölz für Erosionsschutz; wegen der schönen Herbstfärbung, der attraktiven Früchte und der kantigen Form der Äste als Ziergehölz in Gärten und Parkanlagen sehr beliebt; die Art ist ein Lehmzeiger; alle Pflanzenteile sind giftig.
**Habitus:** Wuchshöhe von 1–7 m; sehr dichter, aufrechter Strauch oder kleiner Baum.
**Zweige:** In der Jugend oft undeutlich 4-kantig oder mit 2–4 Korkleisten, kahl, grünlichbraun und mit zahlreichen Lentizellen bedeckt; Korkflügel sind jedoch selten anzutreffen; Äste sehr dicht und sparrig abstehend.
**Rinde:** Zuerst grün bis grünlichgrau oder grünlichbraun, später mit zunehmendem Alter mit graubrauner bis grauer Färbung und längsrissig.

## *Fagus sylvatica* L. – **Rot-Buche**

F: Hêtre commun, Fayard; E: European Beech Fagaceae

**Verbreitung:** Beheimatet in weiten Teilen Europas; reicht von Südschweden bis nach Sizilien; nicht vertreten in Südosteuropa; auch in Asien und in den USA; vom Tiefland bis in eine Höhe von 1600 m ü.M.; in den Südalpen bis 1800 m ü.M. reichend; bevorzugt nährstoffreiche, frische, mittel- oder tiefgründige, lockere, schwach saure bis kalkreiche Sand- und Lehmböden; in ozeanisch getöntem Klima, also in feuchten und wintermilden Gebieten; wichtiger waldbildende Gehölzart.

**Habitus:** Wuchshöhe von 10–30 m (im dichten Wald bis 45 m); Alter bis 300 Jahre; Stamm mindestens bis zur Hälfte klar zu verfolgen und erst dann in kräftige Äste gegliedert; freistehende Bäume mit einer fein verzweigten ovalen Krone; Stammdurchmesser im Freistand bis 2 m und hier die Zweige fast bis auf den Boden reichend.

**Zweige:** Zuerst behaart, glatt, grau bis rötlichbraun, mit zahlreichen Lentizellen, später verkahlend; Äste meist aufrecht und an den Enden etwas überhängend.

**Rinde:** Blei- bis silbergrau, glatt, relativ dünn, nie grob rissig und grobschuppig, höchstens etwas wellig; am Fuss alter Bäume Rinde etwas leicht rissig; absterbendes Phellem in feinen helllgrauen Staub zerfallend.

## *Forsythia x intermedia* Zabel – **Garten-Forsythie**

F: Forsythia de Paris; E: Forsythia; D: Goldglöckchen Oleaceae

**Verbreitung:** Beheimatet in Asien; entstand vor über 100 Jahren als Kreuzung von *Forsythia suspensa* und *Forsythia viridissima;* in halbschattigen und sonnigen Lagen; bevorzugt leicht saure bis nicht zu kalkhaltige, frische bis mässig trockene, durchlässige Böden an warmen Standorten; erträgt sehr gut grosse Temperaturunterschiede und ist gleichzeitig in Mitteleuropa frosthart; um mögliche Kälteschäden zu verhindern, sollte der Strauch mit trockenen Blättern oder Stroh bedeckt werden; ist auch für Schnitthecken geeignet; dreijährige Triebe sind am blühfreudigsten; am 4. Dezember für die Vase geschnittene Zweige (auch Barbarazweige genannt) blühen zur Weihnachtszeit auf; Strauch zur Erhaltung der Blühkraft alle 3–4 Jahre auslichten.
**Habitus:** Wuchshöhe von 1–4 m; vielstämmiger, dicht verzweigter, meist straff aufrecht wachsender Strauch mit einer rundlichen, breit ausladenden und unregelmässigen Form; Strauch mittel- bis schnellwüchsig.
**Zweige:** Obere Zweigglieder mit gefächertem Mark gefüllt; Triebe meist bogig überhängend.
**Rinde:** In jungen Jahren grün bis hellbraun, später eine graue Farbe annehmend.

## *Frangula alnus* Mill. – **Gewöhnlicher Faulbaum**

F: Bourdaine; E: Alder Buckthorn, Common Buckthorn Rhamnaceae

**Verbreitung:** Beheimatet in Europa, Sibirien, Vorder- und Mittelasien; nordwärts bis Irland, Skandinavien; südwärts bis nach Italien, Griechenland, Algerien, Tunesien; im nordöstlichen Teil der USA eingebürgert; bevorzugt wechselfeuchte bis feuchte, meist kalkfreie, schwach saure, magere Lehm- und Tonböden; in lichten und feuchten Wäldern, Mooren, an Wasserläufen, Wegrändern von der Tiefebene bis in eine Höhe von 1000 m ü.M.; meidet Trockenheit; auch als beliebtes Ziergehölz in Gärten und Parkanlagen gepflanzt; Giftpflanze.

**Habitus:** Wuchshöhe von 1–6 m; Alter bis 60 Jahre; dornloser, locker verzweigter Strauch oder kleiner, oft schiefständig wachsender Baum.

**Zweige:** Schlank, mehrheitlich waagrecht abstehend, locker beblättert, später etwas überhängend; Äste brechen sehr leicht ab.

**Rinde:** In der Jugend grün bis hellbraun, mit vielen hellen und verschieden geformten Lentizellen versehen; im Alter graubraun bis braun, weiss gefleckt und mit einem leicht fauligen Geruch (daher der Name Faulbaum); ihr Xylem wurde früher zur Herstellung von Schwarzpulver verwendet.

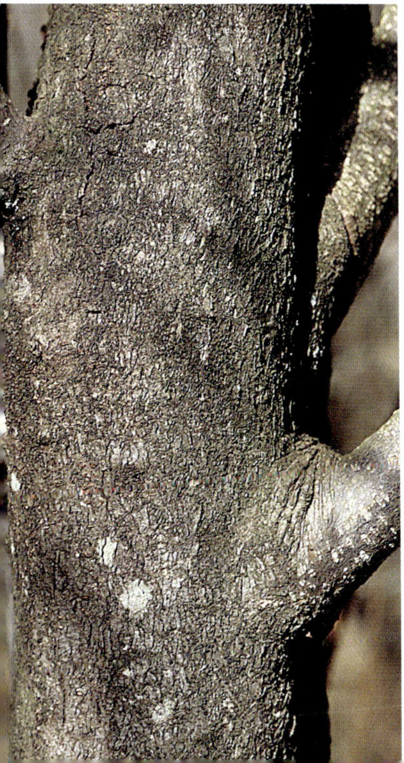

## *Fraxinus excelsior* L. – **Gewöhnliche Esche**

F: Frêne commun; E: Common Ash Oleaceae

**Verbreitung:** Beheimatet in fast ganz Europa; fehlt an der Südspitze Spaniens und dem äussersten Nordskandinavien; auch im Kaukasus und in Kleinasien verbreitet; im Osten bis zum Ural; ihr Verbreitungsschwerpunkt liegt im nördlichen Alpenvorland; von 400 m ü.M. bis in eine Höhe von 1600 m ü.M.; im Harz bis 800 m hinaufsteigend, in den Zentralalpen bis 1600 m; auch in den USA; bevorzugt nährstoffreiche, frische bis feuchte, kalkhaltige Böden; in Laubwäldern, Laubmischwäldern, entlang von Bächen, Flüssen, an Seeufern; aber auch an trockenen Hängen zu finden.
**Habitus:** Wuchshöhe von 20–40 m; die Höhe von 40 m nur im Bestand erreichend; Alter bis 300 Jahre; mit einem langen bis in grosse Höhe astfreien Stamm; Krone bei freistehenden Bäumen mit ovaler bis runder Form.
**Zweige:** In der Jugend kahl, glänzend grünlichgrau bis grau mit weissen Lentizellen; Kurztriebe im Alter oft mit knotigen Verdickungen.
**Rinde:** In der Jugend hellgrau und glatt, oft bis ins 40. Altersjahr so bleibend; im Alter Bildung einer grauen bis dunkelgrauen, dicht längsrissigen Schuppenborke, die eine grob netzartige Textur aufweist mit zahlreichen länglich rhombischen Feldern.

## *Fraxinus ornus* L. – **Manna-Esche, Blumen-Esche**

F: Frêne à fleurs, Frêne à manne; E: Flowering Ash — Oleaceae

**Verbreitung:** Beheimatet im östlichen Mittelmeergebiet; im südlichen Mittelmeergebiet als Zier- und Strassenbaum häufig anzutrefffen; in Mitteleuropa gelegentlich in Gärten, Parkanlagen und entlang von Strassen angepflanzt; von der Tiefebene bis in eine Höhe von 1500 m ü.M. reichend (z.B. im Südtirol); auf trockenen, kalkhaltigen, lockeren, flachgründigen Lehm- und Steinböden; auch auf Silikatgestein anzutreffen; bevorzugt warme Laubmischwälder, Steilhänge, ehemalige Weinberge; in Süditalien wird der Baum zur Gewinnung des Siebröhrensaftes (Manna) in Plantagen angebaut.
**Habitus:** Wuchshöhe von 5–10 m (seltener bis 25 m); Breite von 4–9 m; Stamm meist drehrund, gerade, sich erst in einiger Höhe vom Boden entfernt gabelnd; Stämme bis 50 cm breit; Krone licht, locker, oft mehrstämmig und mit rundlich gewölbter Krone.
**Zweige:** Zuerst oliv bis grünlichgrau, rundlich bis etwas zusammengedrückt vierkantig, durch hellbraune Lentizellen fein punktiert; Äste strahlig abgehend, häufig gebogen, gedreht, auch aufwärts gerichtet und stark gegabelt.
**Rinde:** Lange glatt bleibend, mittel- bis dunkelgrau, ohne deutliche Furchen- und Leistenmuster; erst im hohen Alter dunkle, warzige Borke mit Rissen und hellen Flecken.

## *Ginkgo biloba* L. – **Ginkgo, Mädchenhaarbaum**

F: Arbre aux quarante écus; E: Maidenhair Tree, Ginkgo Ginkgoaceae

**Verbreitung:** Beheimatet in China; heute weltweit angepflanzt; bis in eine Höhenlage von 750 m ü.M. reichend; bevorzugt feuchte bis gut durchnässte, tiefgründige, nährstoffreiche, leicht saure bis basische Böden; in Europa niemals Reinbestände bildend; solche finden sich heute nur noch in abgelegenen Bergtälern der chinesischen Provinzen von Zhejiang und in Guizhou; alle im Westen seit etwa 1730 angepflanzten Exemplare stammen aus ostasiatischen Tempelgärten.
**Habitus:** Wuchshöhe von 30–40 m (seltener bis 64 m); Alter von mehr als 1000 Jahren möglich; auch mehrstämmig; Krone sparrig, schmal kegelförmig, spärlich beastet; diese bei älteren Bäumen breiter, gerundet, unregelmässig gestaltet; Stamm oft bereits sehr tief unten mit kräftigen, waagrecht oder auch steil aufwärts wachsenden Ästen.
**Zweige:** Sprosssystem in Lang- und Kurztriebe gegliedert; Kurztriebe stark gestaucht, Langtriebe stark ausgewachsen; Zweige graubraun.
**Rinde:** In der Jugend grau bis graubraun, glatt, später mit flachen Furchen; im Alter Bildung einer längs- und tiefrissigen, breit gefurchten, bisweilen auch netzartig, mittel- bis dunkelbraunen, sehr dicken Schuppenborke.

## *Gleditsia triacanthos* L. – **Gleditschie, Falscher Christusdorn**

F: Epine du Christ; E: Honey Locust — Caesalpiniaceae

**Verbreitung:** Beheimatet in den zentralen und östlichen Teilen der USA, vor allem in der Region der Mississippimündung; dank seiner Robustheit und seinem hohen Dekorationswert in Europa oft in Gärten, Parkanlagen und entlang von Strassen gepflanzt; schnittverträglich, frosthart, resistent gegen Luftverschmutzung, Wind und Salzgehalt in der Luft, daher auch als Alleebaum in Küstennähe; bevorzugt feuchte bis trockene, tiefgründige, schwach saure bis basische Böden in halbschattigen bis sonnigen Lagen; heute werden dornenlose Formen bevorzugt.

**Habitus:** Wuchshöhe von 15–25 m (in der Heimat bis 50 m); Alter bis 150 Jahre; aufrechter, schlanker Wuchs; Krone locker, leicht gewölbt, oft schirmförmig verbreitert.

**Zweige:** Zuerst olivgrün bis rötlichbraun, später braun; Äste vergleichsweise dünn, meist schräg aufsteigend oder aufgerichtet; mit bis 8 cm langen und meist dreifach verzweigten Dornen besetzt.

**Rinde:** In der Jugend glatt, graubraun bis braun; später Ausbildung einer dunkel graubraunen bis leicht schwärzlichen, in Längsrichtung rissigen, in längliche Platten sich ablösenden Borke, die mit büschelförmig angeordneten Dornen versehen ist.

## *Hedera helix* L. – **Gewöhnlicher Efeu**

F: Lierre grimpant; E: Common Ivy, English Ivy — Araliaceae

**Verbreitung:** Beheimatet in Mittel-, Süd- und Westeuropa, Westasien; im Norden bis Südschweden reichend; bevorzugt frische, humose, nährstoffreiche, lockere, neutrale bis mässig saure Lehm- und Mullböden von der Ebene bis in die montane Stufe; in Wäldern, Steinbrüchen, bei Ruinen, im Auengehölz und als Bodendecker in Gärten und Parkanlagen; immergrüne Kletterpflanze, die mit ihren Haftwurzeln in der Lage ist, an Bäumen und Mauern emporzuklettern; Verankerung durch Haftwurzeln; weil er kein Schmarotzer ist, werden die Bäume nicht geschädigt; giftige Liane.
**Habitus:** Wuchshöhe bis 20 m; Alter bis 450 Jahre; holzige Kletterpflanze mit abspreizenden, später herabhängenden Zweigen; Blühsprosse mit eiförmigen Blättern, Jugendblätter 3- oder 5-lappig; blütentragende Sprosse rundlich, grün, stets wurzellos.
**Zweige:** Jungtriebe zunächst abgeflacht, mit Sternhaaren und unterseits mit büschelig oder bandförmig angeordneten, bis 5 mm langen, verholzenden Haftwurzeln; wenn allseits beschattet, dann um den ganzen Zweig mit Haftwurzeln besetzt.
**Rinde:** An jungen Zweigen olivgrün, stark behaart; ältere Triebe und Stämme grau oder dunkel graubraun und mit einer gefelderten Schuppenborke.

# *Hippophae rhamnoides* L. – **Sanddorn**

F: Argousier, Saule épineux; E: Sea Buckthorn Elaeagnaceae

**Verbreitung:** Ursprüngliche Heimat ist Nepal; in Europa, West- und Ostasien; nördliche Grenze in Norwegen; bevorzugt meist kalkhaltige, humus- und feinerdearme Kies- und Sandböden; lichtbedürftiges Pioniergehölz in lichten Kiefernwäldern, Flussbetten, Kiesgruben, an felsigen Hängen, kiesigen Ufern, auf Schotterfluren; von der Tiefebene bis in eine Höhe von 1900 m ü.M.; in Asien noch bis 5000 m ü.M. vorkommend; für Dünenbepflanzungen und Autobahnböschungen herangezogen; wind- und industriefest, salzverträglich, hitzeresistent, mit sehr geringem Nährstoffbedarf.
**Habitus:** Wuchshöhe von 1–10 m und mit einer Breite von 2–3 m; dorniger, dicht und reich verzweigter, sparriger, aufrecht wachsender Strauch oder kleiner Baum mit einem unregelmässigen Wuchs.
**Zweige:** In der Jugend etwas rundlich, hell graubraun bis rötlichbraun, dicht mit schild- und sternförmigen Haaren besetzt; Kurztriebe mit steifen Dornen, die lange und scharfe Spitzen aufweisen; Äste glatt, sparrig abstehend, dunkel rotbraun.
**Rinde:** In der Jugend glatt, rötlichbraun bis dunkelgrau; später Bildung einer graubraunen bis dunkelbraunen, längsrissigen, mit tiefen Furchen versehenen Borke.

# *Ilex aquifolium* L. – **Stechpalme, Winterbeere**

F: Houx commun; E: Common Holly, English Holly Aquifoliaceae

**Verbreitung:** Beheimatet in Mittel- und Nordeuropa, Südosteuropa, Balkan, westliches und zentrales Mittelmeergebiet, Vorderasien; in Südosteuropa und Nordafrika nur in Hochlagen mit entsprechendem Klima (milde und nicht zu trockene Winter); bevorzugt frische bis feuchte, nährstoffreiche, lockere, kalkarme, steinige Lehmböden; zerstreut in Buchen- und Buchen-Tannenwäldern, Eichen-Hainbuchenwäldern oder Eichen-Birkenwäldern; Halbschatten- und Schattenpflanze; von der Ebene bis zu einer Höhe von 1800 m aufsteigend; in Mitteleuropa auch als Zierpflanze in Gärten und Parkanlagen angepflanzt (auch mit Kultursorten).
**Habitus:** Wuchshöhe der Sträucher 1–3 m, als Baum bis 15 m (in Kultur bis 24 m); Bäume werden bis 300 Jahre alt; aufrechte, ein- bis mehrstämmige Sträucher oder dicht verzweigter Baum mit einer schmal kegelförmigen Krone.
**Zweige:** In der Jugend lichtseits rotviolett, schattenseits grasgrün, kurz, gefurcht, spärlich flaumig bis dicht behaart; im 2. Jahr rund und verkahlend; Äste aufrecht.
**Rinde:** Bleibt lange glatt, grünlichgrau bis silbergrau; diese bleibt im Alter dünn, wird jedoch grau bis grauschwarz und leicht rissig.

## *Juglans nigra* L. – **Schwarze Walnuss**

F: Noyer noir d`Amérique; E: Black Walnut Juglandaceae

**Verbreitung:** Beheimatet im atlantischen Nordamerika und im südöstlichen Teil von Kanada, von Ontario bis Florida; seit ungefähr 200 Jahren in Europa in Gärten und Parkanlagen gepflanzt; auf nährstoffreichen, sehr feuchten bis trockenen, neutralen bis stark alkalischen, durchlässigen Böden an sonnigen oder leicht schattigen Standorten; hitzeverträgliche, frostharte jedoch spätfrostgefährdete, wärmeliebende aber auch kühle Temperaturen ertragende, windfeste, gegen Luft- und Bodenverschmutzung resistente Baumart; erträgt gelegentliche Überschwemmungen.
**Habitus:** Wuchshöhe von 10–30 m (seltener bis 50 m); Alter bis 250 Jahre; mit einer wuchtigen, oft unregelmässig aufgebauten, lockeren, meist hoch aufgewölbten Krone; mit dickem und geradem Stamm.
**Zweige:** Zuerst fein samtig behaart, später verkahlend; Äste gabeln den Stamm erst in einiger Höhe über dem Boden und bilden einen gleichmässigen Kranz.
**Rinde:** In der Jugend grau oder graubraun; im Alter Bildung einer tiefrissigen, dunkelbraunen bis fast schwarzen Schuppenborke, die dicke Leisten und rautenförmig geformte vertiefte Felder aufweist.

# *Juglans regia* L. – **Echte Walnuss, Nussbaum**

F: Noyer commun; E: English Walnut, Persian Walnut Juglandaceae

**Verbreitung:** Beheimatet im Orient; in Süd- und Mitteleuropa kultiviert; in Nordamerika eingeführt und vor allem in Kalifornien grossflächig angebaut; bevorzugt nährstoffreiche, kalkhaltige bis mässig saure, tiefgründige, gut durchlüftete, wechselfeuchte, warme Lehm- und Tonböden in einer milden und nicht zu niederschlagsarmen Klimalage; von der Tiefebene bis gegen 700 m ü.M. anzutreffen; meist gepflanzt, aber auch an Waldrändern und auf dem freien Feld; gegen Winterkälte und Spätfröste sehr empfindlich; benötigt für seine Entwicklung sehr viel Raum.
**Habitus:** Wuchshöhe von 10–25 m und bis 15 m breit; Alter bis 160 Jahre; mit einer breiten, lockeren, kugelförmigen Krone; Stamm oft schon in geringer Höhe über dem Boden in mehrere ungefähr gleich starke Äste gegliedert.
**Zweige:** Zuerst glänzend olivbraun bis rötlichbraun, leicht behaart oder kahl, mit hellen Lentizellen, später grau; Äste bogig aufwärts gerichtet mit unregelmässig verzweigten dunkel graubraunen Zweigen.
**Rinde:** In der Jugend glatt, olivgrün bis hellgrau; im Alter Bildung einer bräunlichgrauen bis grauschwarzen, tiefrissigen, längsgestreiften Schuppenborke.

# *Laburnum alpinum* (Mill.) – **Alpen-Goldregen**

F: Cytise des Alpes; E: Scotch Laburnum Fabaceae

**Verbreitung:** Beheimatet in den Gebirgen Mittel- und Südeuropas und des Balkans; bevorzugt steinige, etwas feuchte bis extrem trockene, schwach saure bis alkalische, magere, flach- bis mittelgründige Böden in warmen und sonnigen Lagen; in lichten Wäldern, an Felswänden, auf Kahlschlägen von der Ebene bis auf 2000 m ü.M.; auch in Gärten und Parkanlagen gepflanzt; wächst in Gärten, auf Terrassen auch an schattigen Standorten; frosthart; trockene Phasen gut überstehend; alle Teile des Goldregens sind giftig, besonders stark die Samen.

**Habitus:** Wuchshöhe von 1.5–7 m, seltener bis 10 m Höhe erreichend; aufrechter Strauch oder kleiner Baum mit schräg aufsteigenden Ästen und meist überhängenden Zweigen; als Zierpflanze wird oft die Kreuzung dieser Art mit dem Gemeinen Goldregen (*Laburnum anagyroides*) angebaut, die dann als *Laburnum* x *watereri* bezeichnet wird.

**Zweige:** Zuerst grün, schwach und meist anliegend behaart, später verkahlend.

**Rinde:** In der Jugend grünlichgrau bis grünlichbraun, glatt; im Alter Bildung einer leicht rissigen, grauen bis mittel graubraunen Borke.

## *Laburnum anagyroides* Medik. – **Gewöhnlicher Goldregen**

F: Cytise faux ébénier, Aubour; E: Common Laburnum Fabaceae

**Verbreitung:** Beheimatet in Süd- und Südosteuropa, der Türkei, dem vorderen Orient; auf vielfach kalkhaltigen, steinigen, nährstoffreichen, mässig trockenen Lehmböden in lichten Buschwäldern, Eichen- und Kiefernwäldern, an steinigen Hängen und Felsen in sonnigen und warmen Lagen; in Gärten, Parkanlagen, bei Freibädern, auf Spielplätzen als Zierstrauch oft gepflanzt; in den Südalpen bis in eine Höhe von 2000 m ü.M.; verwildert bis Südschweden; erträgt das Stadtklima sehr gut; giftiger Strauch.
**Habitus:** Wuchshöhe von 2–9 m (seltener bis 15 m); Alter bis 30 Jahre; straff aufrechter, kräftiger, oft mehrstämmiger Strauch oder kleiner Baum; Krone schmal und mit einer unregelmässgen Form; Stammdurchmesser bis 35 cm.
**Zweige:** Anfangs dicht anliegend silbrig behaart, später verkahlend und grün bis grünlichgrau; Hauptäste aufrecht wachsend mit graugrünen bis braunen locker überhängenden Zweigen versehen.
**Rinde:** In der Jugend glatt, grünlich bis grünlichbraun; im Alter Bildung einer graugrünen, dunkel graubraunen bis grauschwarzen, längsgestreiften Borke, die mit zahlreichen quergestellten kleinen Korkwülsten versehen ist.

## *Ligustrum vulgare* L. – **Gewöhnlicher Liguster**

F: Troène commun; E: Common Privet Oleaceae

**Verbreitung:** Beheimatet in Mittel-, Süd- und Westeuropa und dem Kaukasus; nördlich bis Südwestschweden; östlich bis in die Ukraine; bevorzugt wechseltrockene, humose, kalkhaltige, lockere Lehm-, Ton- und Sandböden; in Hecken, lichten Eichen- und Kiefernwäldern, an Waldrändern, sonnigen Hängen, auf Magerweiden in einer sommerwarmen Lage; von der Tiefebene bis in eine Höhe von 1500 m.ü.M.; als schnittfester Zierstrauch oft zur Einzäunung von Gärten und bei Strassengebrenzungen gepflanzt; findet vielfachen Einsatz im Landschaftsgartenbau; giftiger Strauch; erträgt auch halbschattige Lagen.
**Habitus:** Wuchshöhe von 3–7 m; straff aufrechter, reich verzweigter, dichter, langsam wachsender Strauch, der häufig Ausläufer bildet; rutenförmige Zweige dicht belaubt.
**Zweige:** Zuerst dünn, äusserst biegsam, grünlichbraun bis grauoliv, sehr fein behaart, später verkahlend; ältere Zweige mit einer grauen bis dunkelbraunen Färbung.
**Rinde:** In der Jugend lichtseits rötlichbraun, schattenseits grünlich bis bräunlich mit hellen und schmalen Lentizellen; im Alter grau und hell- bis mittelbraun, glatt oder stellenweise feinrissig mit zerstreut auftretenden buckeligen und grauen Korkporen.

## *Liquidambar styraciflua* L. – Amerikanischer Amberbaum

F: Copalme d`Amérique; E: Red Gum, Sweet Gum Hamamelidaceae

**Verbreitung:** Beheimatet im östlichen und südöstlichen Teil der USA, in Zentralamerika und Mexiko; in den Heimatländern als Forstbaum sehr wichtig; 1681 in Europa eingeführt; schon kurze Zeit später in Parkanlagen als Zierbaum angepflanzt; bevorzugt frische bis feuchte, schwach saure bis neutrale, mässig nährstoffreiche, tiefgründige, wasserdurchlässige Böden in sonniger Lage; lichthungriger Baum; im Alter frosthart.
**Habitus:** Wuchshöhe in Europa von 10–20 m, in den Heimatländern bis 45 m; Krone zuerst schmal kegelförmig, später mit einer breit eiförmigen, oft etwas unregelmässigen Form und einer Breite von maximal 8 m; Stamm gewöhnlich nicht sehr lang, sondern schon in geringer Höhe über dem Boden verzweigt.
**Zweige:** Junge Triebe grünlich bis hell grünlichbraun, dicht wollig behaart; Äste und Zweige des mittleren und oberen Abschnittes waagrecht abstehend oder leicht aufwärts gebogen, im unteren Bereich stark herabhängend und oft den Boden berührend; oft mit markanten unregelmässigen Lentizellen besetzt.
**Rinde:** In der Jugend glatt, rötlichbraun bis graubraun; im Alter Bildung einer dunkel graubraunen, tief gefurchten, eckig gefelderten Borke, die oft Korkleisten aufweist.

## *Liriodendron tulipifera* L. – Amerikanischer Tulpenbaum

F: Tulipier de Virginie; E: Tulip Tree, Canary Whitewood Magnoliaceae

**Verbreitung:** Beheimatet im östlichen und südöstlichen Teil der USA, wo er einer der wichtigsten Laubbaumarten ist; die Südgrenze geht durch den Norden von Florida; erster Nachweis eines Baumes in Europa geht auf das Jahr 1688 zurück; ein Alter von 500 bis 700 Jahren erreichend; heute oft in grossen Gärten, Parkanlagen und an Strassenrändern gepflanzt; windgeschützte Standorte werden bevorzugt; der wärmeliebende Tulpenbaum bevorzugt sonnige Standorte; besitzt eine gute Frosthärte.
**Habitus:** Wuchshöhe von 20–40 m (in der Heimat bis 60 m); in jungen Jahren mit einer schmal kegelförmigen Krone; diese später bei alten Bäumen breit eiförmig bis rundlich, mit bogig aufwärts wachsenden Ästen und meist überhängenden Zweigen; Stamm schlank, gerade und durchgehend; dieser kann einen Durchmesser von 3 m erreichen; alte Bäume mit oft einer ungeordneten Krone.
**Zweige:** Auch in jungen Jahren unbehaart, jedoch etwas bereift; unterste Äste entspringen bei Bäumen von 60 m Grösse erst in einer Höhe von 20–30 m.
**Rinde:** In der Jugend graugrün bis graubraun gefärbt; etwas später mit einem feinen und flachen Leistennetz überzogen; im Alter Bildung einer stark gefurchten Borke.

# *Lonicera xylosteum* L. – **Rote Heckenkirsche**

F: Camérisier à balais; E: Fly Honeysuckle Caprifoliaceae

**Verbreitung:** Beheimatet in Europa von Zentralspanien bis an den Ural; in Mitteleuropa verbreitet und häufig; fehlt in Irland, Schottland, Nodskandinavien, Griechenland und Südrussland; von der Ebene bis auf 1600 m ü.M. steigend; im Unterengadin bis 2000 m; bevorzugt nährstoffreiche, kalkhaltige, frische bis mässig trockene, humose, tiefgründige Lehm- und Tonböden in halbschattigen oder schattigen Standorten; fühlt sich jedoch an sonnigen Standorten besser; häufig in krautreichen Buchen- und Eichenwäldern, Parkanlagen, an Waldrändern und, weil schnittverträglich, auch in Hecken; gegen Auftausalze widerstandsfähig; wird vom Wild nicht verbissen.
**Habitus:** Wuchshöhe von 1–3 m; aufrecht wachsender, breiter, vom Grund auf reich verzweigter, robuster Strauch.
**Zweige:** Zuerst kurz, dünn, weich grau behaart, innen meist hohl; ältere Zweige meist verkahlend, mit braunem Markrand; Stämmchen aufrecht oder gebogen.
**Rinde:** Der jungen Zweige graubraun, etwas längsrissig; Streifenborke der Stämmchen hell graubraun bis dunkel graubraun, längsrissig und sich faserig oder streifenförmig ablösend.

## *Magnolia x soulangeana* Soul.-Bod. – **Tulpen-Magnolie**

F: Magnolia de Soulange; E: Lenne`s Magnolia — Magnoliaceae

**Verbreitung:** Beheimatet in Europa; bevorzugt nährstoffreiche, humose, frische bis feuchte, lockere, durchlässige, leicht saure bis neutrale Böden an halbschattigen, aber auch an sonnigen und gut geschützten Standorten; winterhart, jedoch sehr empfindlich gegen Spätfröste; heute eine der am häufigsten in Gärten und Parkanlagen der Ebene gepflanzten Magnolie; 1820 im Park von Soulange-Bodin bei Paris entstandene Kreuzung aus *Magnolia denudata* x *Magnolia liliiflora*; die Art *soulangeana* wird nach dem französischen Züchter Soulange benannt.

**Habitus:** Wuchshöhe von 5–10 m; Grossstrauch oder kleiner kurzstämmiger Baum mit in der Jugend pyramidaler Krone und aufsteigenden Ästen; Stamm oft schon dicht über dem Boden stark verzweigt; im Alter eine eher rundliche, mit markanten Hauptästen versehene Krone.

**Zweige:** Zuerst grünlichgrau, später graubraun; im Alter senken sich die Hauptäste oft bis zum Boden.

**Rinde:** In der Jugend glatt und grau; im Alter Bildung einer graubraunen bis grauschwarzen und feinrissigen Borke.

# *Malus x domestica* Borkh. – **Kultur-Apfel**

F: Pommier commun; E: Apple Tree Rosaceae

**Verbreitung:** Ursprüngliche Heimat war angeblich Westindien; heute in fast ganz Europa, Amerika, Australien, Westasien und Afrika in vielen Sorten kultiviert; die meisten dieser Sorten entstanden im 18. und 19. Jahrhundert; von der Ebene bis in die montane Stufe reichend; bevorzugt frische, kalkreiche, tiefgründige, gut mit Humus versorgte, nährstoffreiche, gut durchlüftete, Lehm- und Tonböden an sonnigen Standorten ohne Spätfröste; die Römer kultivierten bereits 23 Sorten, die sehr beliebt waren.
**Habitus:** In vielen landwirtschaftlichen Kulturen entweder strauchförmig als Spalierstrauch oder als Baum mit einer Wuchshöhe von 5–10 m; Stamm relativ kurz, massiv und meist spannrückig; bei der Spannrückigkeit weist der Stamm nicht einen kreisförmigen Querschnitt auf, sondern er ist mehr sternartig entwickelt; die Krone ist breit und stark beastet.
**Zweige:** Zuerst rötlichbraun und oft flaumig behaart; Äste kahl, sparrig abstehend und graubraun bis dunkelbraun gefärbt.
**Rinde:** In der Jugend glatt, hellgrau / braun; im Alter Bildung einer hell- bis dunkelgraubraunen, rissigen, in dünnen und breiten Platten abblätternden Schuppenborke.

## *Mespilus germanica* L. – **Echte Mispel**

F: Néflier commun; E: Medlar Rosaceae

**Verbreitung:** Beheimatet in Westasien; im Mittelalter in Süd- und Mitteleuropa verbreitet; heute auch in Südengland zu finden; bevorzugt nährstoffreiche, tiefgründige, kalkhaltige, etwas feuchte bis mässig trockene Lehmböden an halbschattigen bis sonnigen Standorten der Tiefebene und der collinen Stufe; heute vor allem wegen ihren grossen Blüten oft in Gärten als Zierstrauch angepflanzt; um 200 v. Chr. bei den Römern eine wichtige Obstsorte und von diesen nach Mitteleuropa gebracht.

**Habitus:** Wuchshöhe von 3–6 m; Alter normalerweise bis 70 Jahre, in seltenen Fällen bis 300 Jahre; aufrechter, breiter, oft etwas sparriger Strauch oder kurzstämmiger Kleinbaum mit einer flachovalen bis runden Krone; mit wenigen sehr kräftigen nur wenig aufsteigenden Ästen; diese und der Stamm neigen zur Krummwüchsigkeit; Mehrstämmigkeit nicht ausgeschlossen.

**Zweige:** Zuerst lichtseits rötlichbraun und schattenseits olivgrün, schwach filzig behaart, im 2. Jahr verkahlend; die Wildform trägt Dornen.

**Rinde:** In der Jugend glatt und graubraun; im Alter Bildung einer orangebraunen bis dunkel rotbraunen Schuppenborke, die sich schuppig ablöst.

# *Morus alba* L. – **Weisser Maulbeerbaum**

F: Mûrier blanc; E: White Mulberry, Silkworm Mulberry Moraceae

**Verbreitung:** Beheimatet ursprünglich in China (Mandschurei) und Korea; in China bereits vor etwa 4000 Jahren kultiviert; im Mittelmeergebiet und in wärmeren Regionen Mitteleuropas schon seit Jahrhunderten angepflanzt; vor ungefähr 550 Jahren in Italien eingeführt; in Mitteleuropa häufig in Parkanlagen aber auch in Hecken gepflanzt; bevorzugt mässig nährstoffreiche, gut drainierte, oft kalkhaltige, mittelgründige Stein- und Felsböden; licht- und wärmebedürftig; erträgt Hitze, Trockenheit und karge Böden sehr gut; eine der wichtigsten Futterpflanzen für die Seidenraupen.
**Habitus:** Wuchshöhe von 10–20 m; reich verzweigter Baum mit einer hohen, schlanken, etwas brüchig wirkenden Krone, die nicht so breit und ausladend ist wie beim schwarzen Maulbeerbaum; diese kann im Alter etwas breiter ausgebildet sein.
**Zweige:** Zuerst ziemlich gerade, dünn, rötlichbraun, etwas fein samtig behaart, später verkahlend und graubraun gefärbt; Äste brechen häufig rasch ab.
**Rinde:** In der Jugend dunkelgrün; im Alter Bildung einer rötlichbraunen bis graubraunen, faserig gefurchten oder längsrissigen Schuppenborke, die mit Warzen oder knolligen Verdickungen versehen ist.

## *Morus nigra* L. – **Schwarzer Maulbeerbaum**

F: Mûrier noir; E: Black Mulberry, Common Mulberry Moraceae

**Verbreitung:** Beheimatet in West- und Zentralasien; schon in der Antike im Mittelmeerraum wegen der dunklen Früchte (für Pasten und Gelees) angepflanzt; gedeiht auch in Mitteleuropa, jedoch nur in Gebieten mit einem milden Winterklima (Weinbauklima); häufig im Tessin, im Südtirol; ist oft Charakterbaumart in Pastoralgärten und bei Landsitzen; bevorzugt nährstoffreiche, tiefgründige, sandige, auch kalkhaltige Böden in sonnigen und geschützten Lagen; frostempfindlich.
**Habitus:** Wuchshöhe von 8–15 m, in den Heimatländern bis 25 m; Alter bis 200 Jahre; Krone meist breiter als hoch, breit gewölbt; Stamm meist kurz, gewunden, gedreht, oft schief in die Höhe wachsend, mit vielen knollenförmigen Verdickungen und langen Wassertrieben; alte Stämme sind oft niederliegend.
**Zweige:** Zuerst hell grünlich, leicht behaart, mit auffälligen Lentizellen besetzt und ziemlich dick ausgebildet; später werden sie braun bis purpurbraun; untere Äste massiv, mehrfach gebogen und knorrig.
**Rinde:** In der Jugend dunkelgrün bis bräunlich; im Alter Bildung einer dunkelbraunen, rissigen Schuppenborke, die wegen den knolligen Verdickungen stark uneben ist.

## *Olea europaea* L. – **Ölbaum, Olivenbaum**

F: Olivier; E: Olive — Oleaceae

**Verbreitung:** Vermutete Heimat Zentralasien, Mittelmeerraum; von der Tiefebene bis in 2000 m ü.M. in den Küstengebirgen; bevorzugt durchlässige, nicht durchnässte Sand- und Steinböden in möglichst vollsonnigen und geschützten Lagen; seit dem 4. Jahrtausend v. Chr. kultiviert; bildet ein wichtiges Element in der mediterranen Vegetation und Kulturlandschaft und gehört als Öllieferant zu den ältesten Kulturpflanzen des Mittelmeerraumes; in Mitteleuropa sehr beliebt und oft in Kübeln und Containern gepflanzt; zum Erhalt guter Ernten werden die Bäume beschnitten.
**Habitus:** Wuchshöhe von 10–20 m; kann mehrere hundert Jahre alt werden; ältestes Exemplar in Italien steht in Trevi und soll ca. 1700 Jahre alt sein; Stamm meist kurz, wird mit zunehmendem Alter immer knorriger, mit der Zeit hohl und schon bald in mehrere sehr dicke und gedrehte oder gewundene Äste gegabelt.
**Zweige:** Zuerst rundlich oder ein wenig kantig, graubraun, mit feinen silbrigen Schuppen dicht besetzt; Äste meist steif aufrecht wachsend, seltener flach ausgebreitet.
**Rinde:** In der Jugend grünlichgrau bis hell silbrig, mit sehr feinem Furchenmuster; im Alter Bildung einer grauen, tiefrissigen, dicken Borke; knorriges Erscheinungsbild.

## *Ostrya carpinifolia* Scop. – **Gewöhnliche Hopfenbuche**

F: Charme houblon, Ostryer commun; E: European Hop Betulaceae

**Verbreitung:** Beheimatet in den südeuropäischen Laubwäldern; Hauptverbreitung im östlichen Mittelmeergebiet; in den Südalpen bis 1300 m ü.M. steigend; typischer Vertreter der Laubmisch-, Karst- und Buschwälder; in Mitteleuropa vor allem am Südrand der Alpen und auch in den Zentralalpen (Tessin, alpine Täler des Kantons Graubünden); auch als Parkbaum gepflanzt; bevorzugt felsige, flach- oder auch tiefgründige, frische bis trockene, meist kalkreiche, mässig nährstoffreiche Böden in einer sommerwarmen, wintermilden und niederschlagsreichen Lage; frosthart; stadtklimaresistent.
**Habitus:** Wuchshöhe von 8–20 m; mehrstämmiger grosser Strauch oder bis 50 cm breiter und kurzstämmiger Baum mit einer in der Jugend kegelförmigen bis eiförmigen Krone, die mit dem Alter allmählich eine rundliche Form annimmt.
**Zweige:** Rund, olivgrün bis graubraun, anfangs bräunlich behaart, sehr biegsam, mit hellen Lentizellen und später verkahlend; Äste am Stamm tief ansetzend.
**Rinde:** In der Jugend gelblich bis graubraun, lange glatt bleibend; im Alter Bildung einer längs- und querrissigen, dunkelbraunen Schuppenborke, die sich in eckigen Platten vom Stamm löst; unter den Platten zeigen sich sehr häufig orangebraune Flecken.

## *Parrotia persica* (DC) Mey. – **Parrotie, Eisenholzbaum**

F: Parrotie de Perse; E: Parrotia, Ironwood Hamamelidaceae

**Verbreitung:** Beheimatet im nördlichen Iran und im Kaukasus; wild vorkommend im Nordiran, in Vorderasien und im kaspischen Urwald; heute als beliebter Zierbaum in Parkanlagen und fast allen botanischen Gärten gepflanzt.
**Habitus:** Wuchshöhe von 3–15 m, im kaspischen Urwald bis 30 m hoch; ebenso hoher wie breiter, mehrstämmiger Grossstrauch oder mittelgrosser Baum, bei dem in jungen Jahren die Hauptäste bogenförmig nach oben wachsen; im Alter mit einer fast kugeligen und dichten Krone, bestehend aus meist mehreren Stämmen; diese sind sehr lang, abstehend und sehr oft miteinander verwachsen (= Astsymphysen: Der Begriff Symphysis stammt aus dem Griechischen und bedeutet soviel wie Verwachsung. In der Botanik bezeichnet man damit das Zusammenwachsen ausdifferenzierter Pflanzenteile); Krone kann auch breiter als hoch sein; in der Jugend langsamwüchsig.
**Zweige:** Zuerst schlank, grünlich gefärbt und mit Sternhaaren; Seitenäste weit ausladend, gelblich bis dunkelbraun; Hauptäste breit trichterförmig aufrecht wachsend.
**Rinde:** Graubraun, leicht rötlich, gelblich; im Alter Bildung einer vielfarbigen Schuppenborke, die sich, wie bei der Platane, in dünnen Platten ablöst.

## *Platanus* x *hispanica* Münchh. – **Gewöhnliche Platane**

F: Platane à feuilles d`érable; E: London Plane Platanaceae

**Verbreitung:** Ist um 1650 in Südeuropa (angeblich aus Südfrankreich oder Spanien) aus einer Kreuzung der Amerikanischen Platane (*Platanus occidentalis*) und der Morgenländischen Platane (*Platanus orientalis*) entstanden; bevorzugt mittel- bis tiefgründige, wechselfeuchte Böden in einer sommerwarmen Lage; da sie sehr unempfindlich gegen Bodenverdichtung und Luftverschmutzung ist, hat sie sich zum idealen Grossstadtbaum entwickelt; in unseren Städten häufig entlang von Strassen, als Allee- und Parkbaum; frosthart und auch im Alter noch wuchskräftig.
**Habitus:** Wuchshöhe von 30–45 m; Alter bis 300 Jahre; Stamm kräftig, dick, relativ kurz; Krone sehr breit, hochgewölbt, oft auch mehrteilig.
**Zweige:** Zuerst blassgrün und bräunlich, dicht filzig behaart; ältere Zweige braun mit oft grünen Längsstreifen und kahl.
**Rinde:** In der Jugend grau bis hellbraun; Schuppenborke sich im Alter in unregelmässig groben Platten ablösend; diese hinterlassen am Baum und an den grösseren Ästen hellgelbe Flecken; bei älteren Bäumen verschwindet das unregelmässige grobe Muster, weil die abfallenden Rindenplatten sehr klein werden.

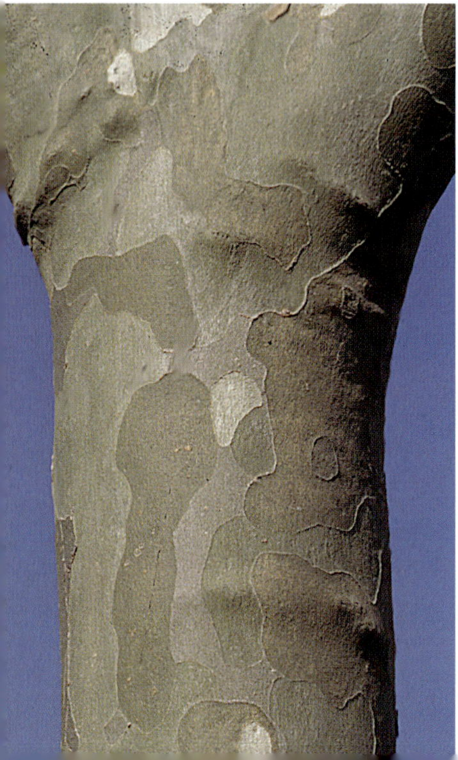

# *Platanus orientalis* L. – **Morgenländische Platane**

F: Platane d`Orient; E: Oriental Plane, Chenar Platanaceae

**Verbreitung:** Beheimatet in Griechenland, der Türkei und bis in den westlichen Teil des Himalaja; bildet dort entlang fliessender Gewässer Auenwälder; in Südeuropa, Australien und Südafrika ein beliebter Alleebaum; in Mitteleuropa als Parkbaum angepflanzt; bevorzugt neutrale bis stark alkalische, flach- bis tiefgründige, frische, sandige oder auch lehmige Böden in einer sonnigen Lage; klassischer Schattenspender; Pionierbesiedler; in der roten Liste der gefährdeten Arten aufgeführt.
**Habitus:** Wuchshöhe von 20–30 m; Stamm gerade, relativ kurz, kräftig, bis zur ersten Gabelungsstelle klar zu verfolgen und dann in mehrere sehr massive Äste geteilt; Krone meist sehr breit, mehrfach gewölbt und daher etwas unregelmässig erscheinend, stellenweise auch lückig.
**Zweige:** Zuerst grünlich bis hellbräunlich und leicht behaart, später verkahlend; Äste des mittleren und oberen Kronenbereiches steil aufrecht oder gerade abstehend; untere Äste stark herabhängend und oft den Boden berührend.
**Rinde:** In der Jugend glatt, grünlichweiss bis grau; im Alter graubraune bis braune Schuppenborke, die in zahlreichen Schuppen abblättert.

## *Populus alba* L. – Silber-Pappel, Weiss-Pappel

F: Peuplier blanc; E: White Poplar — Salicaceae

**Verbreitung:** Beheimatet in Europa, Westsibirien, Westasien und Nordafrika; bevorzugt frische bis feuchte, nährstoff- und basenreiche, im Untergrund kiesige, sandige und vom Grundwasser beeinflusste, lockere Lehm- und Tonböden mit ganzjähriger Feuchtigkeit; in der Ebene besonders verbreitet in Auenwäldern der Flussniederungen, auf Schuttplätzen; Charakterart des Eschen-Ulmenwaldes; weil sie viel Luftstaub binden kann und damit zur Luftreinigung beiträgt, wird sie vermehrt an Strassen gepflanzt.
**Habitus:** Wuchshöhe von 15–45 m; mit etwa 40 Jahren ihre endgültige Höhe erreichend; Alter bis 400 Jahre; junge Krone mit einer ovalen bis kegeligen Form; im Alter wird diese breit-rundlich, lockerästig, gelegentlich überhängend, was dem Baum ein etwas asymmetrisches Erscheinungsbild verleiht; am Grund des geraden oder auch leicht gekrümmten Stammes befinden sich oft Schösslinge und Wasserreiser.
**Zweige:** Zuerst grünlich, mit weisser bis grauer filziger Behaarung, später verkahlend; der Breite nach aufgeschnitten, wird ein fünfkantiges Mark sichtbar.
**Rinde:** In der Jugend weisslichgrau bis graugrün, glatt, mit Korkwarzenbändern; im Alter Bildung einer dicken, dunkelgrauen bis schwarzgrauen, längsgefurchten Borke.

## *Populus* x *canadensis* Moench – **Kanada-Pappel**

F: Peuplier grisard, P. hybrid; E: Canadian Poplar Salicaceae

**Verbreitung:** Kanada-Pappeln oder auch Bastard-Schwarz-Pappeln genannt sind in Frankreich durch eine natürliche Kreuzung aus der Schwarz-Pappel (*Populus nigra*) und einer kanadischen Schwarzpappel (*Populus deltoides*) entstanden; erste Hybriden bereits Ende des 17. Jahrh. entstanden; kommt heute in vielen Sorten vor; auf nährstoffreichen, frischen bis mässig trockenen, schwach sauren bis stark alkalischen, sandigen, kiesigen und lehmigen Böden; in der Ebene im Auengehölz, entlang von Flussufern; in Europa in verschiedenen Formen und Sorten als Park- und Strassenbaum gepflanzt; bis 30 Jahre windfest, danach mit brüchigen Ästen und Zweigen.
**Habitus:** Wuchshöhe von 20–30 m; Stamm kräftig, gerade, wenige aber sehr kräftige und massive Äste tragend; bei der kegelförmigen Krone wachsen die Äste im oberen Drittel steil aufwärts; ältere Bäume bis über 10 m Höhe astfrei.
**Zweige:** Etwas kantig ausgebildet, glänzend hell- oder dunkelbraun, selten etwas behaart oder kahl, relativ dick.
**Rinde:** In der Jugend hellgrau; ohne horizontale Korkwarzen wie bei Schwarzpappeln; im Alter Bildung einer graubraunen bis schwarzbraunen, tiefrissigen Schuppenborke.

# *Populus nigra var. italica* Münchh. – **Ital. Pappel**

F: Peuplier pyramidal; E: Italian Poplar — Salicaceae

**Verbreitung:** Beheimatet in Südeuropa (möglicherweise auch Iran); auf natürliche Art durch Mutation aus einer gewöhnlichen Schwarzpappel entstanden; in der 2. Hälfte des 18. Jahrh. in der Lombardei gefunden; rein männliche Form, die vegetativ vermehrt wird; in Mitteleuropa Beginn der Kultivierung seit Beginn des 19. Jahrh.; die am Mittelrhein wachsenden grossen Bäume sollen französischer Herkunft sein; bevorzugt feuchte, nährstoffreiche, neutrale bis alkalische, sandig-lehmige Böden in halbschattiger bis sonniger Lage von der Tiefebene bis in die montane Stufe; entlang von Ufern, Landstrassen, bei Bauernhäusern, Klöstern als Blitzableiter; salzverträglich.
**Habitus:** Wuchshöhe von 25–40 m; Krone säulenförmig bis schmal kegelförmig; meist mit einem durchgehenden Mittelstamm; Hauptäste steil aufrecht wachsend, zahlreich, dicht verzweigt und meist bis zur Spitze reichend.
**Zweige:** Zuerst gelblich bis hellgrau, sehr biegsam, zäh und rund; im Alter rötlichbraun, werden dann spröde und brechen bei Sturm schnell aus der Krone.
**Rinde:** In der Jugend glatt, graubraun; im Alter Bildung einer dunkelbraunen bis graubraunen, längsrissigen, mit tiefen Furchen versehenen Schuppenborke.

# *Populus tremula* L. – **Espe, Zitter-Pappel**

F: Peuplier tremble; E: Aspen Salicaceae

**Verbreitung:** Beheimatet in Europa, Sibirien, Nordafrika, Kleinasien; bevorzugt mässig nährstoffreiche, frische bis feuchte, schwach saure bis kalkhaltige, lockere Sand-, Lehm- und Tonböden an sommerwarmen und hellen Standorten von der Tiefebene bis in die subalpine Stufe (bis 1800 m ü.M); verbreitet in lichten Wäldern, Hecken, an Waldrändern, auf Kahlschlägen, Steinhalden; vergesellschaftet vor allem mit der Sal-Weide, den Birken, Erlen und dem Besenginster; ein wertvolles Pioniergehölz.
**Habitus:** Wuchshöhe von 10–35 m; Alter bis 80 Jahre; Grossstrauch oder Baum; in jungen Jahren lockere und lichte Krone, bedingt durch weit gestellte Äste; Krone im Alter kegelförmig bis rundlich und oft mehrteilig; Stamm einen Durchmesser von 1 m erreichend, gerade oder leicht geneigt wachsend.
**Zweige:** Zuerst glänzend gelblichbraun bis dunkelbraun, kahl mit grossen Lentizellen; untere Äste abstehend, obere steiler aufrecht; junge Äste oft etwas klebrig.
**Rinde:** In der Jugend gelblichbraun, glatt, mit markanten, rautenförmigen Lentizellen (= Korkwarzen); im Alter Bildung einer dicken, dunkelbraunen bis grauschwarzen und längsrissigen Schuppenborke.

# *Prunus avium* L. – **Süss-Kirsche, Kirschbaum**

F: Cerisier, Merisier; E: Gean, Mazzard Rosaceae

**Verbreitung:** Beheimatet in Europa, im Kaukasus, Nord-Irak, dem Norden der Türkei; eingebürgert in Nordafrika, Vorderindien und dem Osten der USA; bevorzugt tiefgründige, nährstoffreiche, gut durchlüftete, mässig trockene bis feuchte Böden an warmen und sonnigen Lagen; von der Tiefebene bis in die submontane Stufe (selten oberhalb von 1500 m ü.M. anzutreffen) in Kulturen, Buchen- und Laubmischwäldern, Hecken, an Waldrändern; lichthungrig; erträgt keine starke Beschattung; Lichtbaumart.
**Habitus:** Wuchshöhe von 10–30 m; Alter bis 90 Jahre; Stamm im Freistand kurz, gerade, bis 80 cm im Durchmesser, oft weit in die Krone reichend; diese bei jüngeren Bäumen breit oval bis breit kegelförmig, oft in einer schlanken Spitze endend; ältere Bäume mit oft einer gleichmässig runden Krone.
**Zweige:** Zuerst glatt, kahl, rötlichbraun, gerundet, oft schwach berieft, mit länglichen bis rundlichen Lentizellen; später eine hellgraue bis dunkelbraune Farbe annehmend.
**Rinde:** In der Jugend glatt, rötlichbraun; im Alter Bildung einer leicht glänzenden, flachrissigen, graubraunen, sehr zähen Ringborke, die sich ringförmig in waagrechten Streifen ablöst; Lentizellen weisslich, hellbraun bis rostfarbig.

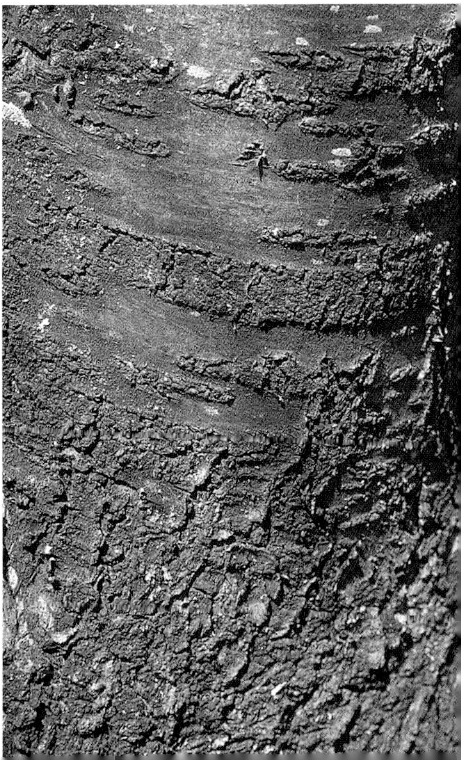

# *Prunus padus* L. – **Gewöhnliche Traubenkirsche**

F: Merisier à grappes; E: European Bird Cherry — Rosaceae

**Verbreitung:** Beheimatet in Europa, Nordasien; fehlt im Mittelmeerraum und dem Balkan; bevorzugt nährstoffreiche, tiefgründige, frische bis feuchte, vom Grundwasser meist beeinflusste, durchlässige, feinerdereiche, aber auch sandig-steinige Böden in Auenwäldern, feuchten Schluchten, Hecken, entlang von Gewässern, auf Flachmooren sehr oft vergesellschaftet mit Erlen und Weiden, besonders im Schwarzerlen-Eschenwald; oft gehäuft im Unterholz vorkommend; auch als Strassenbaum und in Gärten gepflanzt; von der Tiefebene bis in eine Höhenlage von 2000 m ü.M. reichend.
**Habitus:** Wuchshöhe von 3–18 m; Alter bis 80 Jahre; mehrstämmiger, aufrecht wachsender Strauch oder bis 70 cm dicker Baum mit bogig aufsteigenden Ästen und überhängenden Zweigen; Stamm meist gerade, schlank; Krone säulenförmig, auch kegelförmig, gewölbt; nach Verletzung der Rinde Ausströmen eines scharfen Essiggeruches.
**Zweige:** Kahl, mit auffällig hellbraunen Lentizellen, glänzend grünlichbraun bis rotbraun, später graubraun, locker und weit gestellt angeordnet.
**Rinde:** In der Jugend oliv, hell- und dunkelbraun; im Alter Bildung einer hellgrauen bis schwarzgrauen, fein längsrissigen Borke.

## *Prunus spinosa* L. – **Gewöhnliche Schlehe, Schwarzdorn**

F: Epine noire, Buisson noir, Prunellier; E: Blackthorn Rosaceae

**Verbreitung:** Beheimatet und weit verbreitet in Europa, Asien; nördlich bis Schottland und südliche Gebiete von Skandinavien; südlich bis Portugal und Nordafrika; auf mittel- bis tiefgründigen, oft kalkhaltigen, steinigen, frischen bis mässig trockenen, lockeren Böden in lichten Wäldern, Hecken, Flussauen, an Waldrändern, Fels- und Schutthängen, Feldrändern, bei Zäunen, auf Weinbergen von der Tiefebene bis in eine Höhe von 1500 m ü.M. reichend; warme und sonnige Lagen bevorzugend; frosthart; Pionierpflanze; mit charakteristischem Ausschlag aus dem Wurzelsystem.
**Habitus:** Wuchshöhe von 1–7 m; Alter bis 40 Jahre; sparriger, dorniger, dicht verzweigter, oft mehrstämmiger Strauch oder kleiner Baum mit vielen Kurz- und Langtrieben; Kurztriebe meist dornspitzig und beinahe waagrecht von den Langtrieben abstehend; Krone oval bis rundlich.
**Zweige:** Zuerst samtig behaart, mit rundlicher bis kantiger Form und rötlichbraun gefärbt; später kahl und mit rötlichgrauer Farbe.
**Rinde:** In der Jugend grau bis rötlichgrau, glatt; im Alter Bildung einer dunkelbraunen bis fast schwarzen, rauen Borke, die in schmale Streifen zerreisst.

## *Pyrus communis* L. – **Birnbaum, Kultur-Birnbaum**

F: Poirier commun; E: Common Pear, Pear Tree — Rosaceae

**Verbreitung:** Beheimatet in Südeuropa, Westasien; mit Ausnahme von Nordeuropa überall in Europa vertreten; bevorzugt frische bis trockene, basen- und nährstoffreiche, lockere, mittel- bis tiefgründige Böden in sonnigen Lagen von der Tiefebene bis in die montane Stufe; liebt keine Staunässe; weltweit wird die Anzahl der Sorten auf über 5000 geschätzt; bereits in der Antike kultiviert; Gaius Plinius Secundus Maior (römischer Gelehrter, lebte von 23–79 n.Chr., wurde vor allem durch sein naturwissenschaftliches Werk *NATURALIS HISTORIAE* bekannt) erwähnt bereits 38 Sorten; Birnen zählen heute neben dem Apfel zu den bekanntesten und weltweit am häufigsten verbreiteten Kernobstarten in der gemässigten Zone.

**Habitus:** Wuchshöhe von 5–15 m und eine maximale Breite bis 10 m; ein Alter von 100 Jahren erreichend; Krone breit eiförmig.

**Zweige:** Graubraun bis rötlichbraun, mit hellbraunen, schmal ovalen Lentizellen.

**Rinde:** In der Jugend graubraun, glatt; im Alter Bildung einer dunkelbraunen bis schwarzbraunen Schuppenborke, die sich durch scharfe Quer- und Längsrisse kennzeichnet und würfelförmige Felder aufweist.

## *Quercus cerris* L. – **Zerr-Eiche**

F: Chêne chevelu; E: Turkey Oak

Fagaceae

**Verbreitung:** Beheimatet in Südeuropa, Libanon, Kleinasien; natürliches Vorkommen in Südfrankreich, Italien, Südosteuropa bis zum Westrand des Schwarzen Meeres; unter anderem im Tessin, Südtirol, in England und Nordwestfrankreich eingebürgert; bevorzugt nährstoffreiche, mittel- bis tiefgründige, humose, kalkfreie bis kalkhaltige Lehm- und Silikatböden in sommerwarmen Lagen von der Tiefebene bis in eine Höhe von 1250 m ü.M.; bildet Mischwälder u.a. mit der Blumenesche, der Flaumeiche; in Mitteleuropa häufig in Gärten, Parkanlagen und entlang von Strassen gepflanzt.
**Habitus:** Wuchshöhe von 20–40 m; Alter bis 200 Jahre; langschäftiger Baum mit einer offenen, schlanken Krone; diese später mit ovalem bis kugeligem Umriss und strahlig nach oben wachsenden Hauptästen; Stamm im unteren Teil nicht sehr stark beastet.
**Zweige:** Zuerst olivgrün bis graubraun, kurzfilzig grau behaart, rund oder auch etwas gerieft, sehr biegsam, mit zahlreichen dunklen Lentizellen; später verkahlend.
**Rinde:** Schon bei jüngeren Exemplaren deutlich gefurcht, rissig, graubraun; im Alter Bildung einer dicken, dunkel graubraunen, tief gefurchten, längsrissigen Schuppenborke, die häufig in kleinen Platten abspringt.

# *Quercus petraea* Liebl. – **Trauben-Eiche**

F: Chêne rouvre, Chêne sessile; E: Sessile Oak Fagaceae

**Verbreitung:** Beheimatet in Europa, vor allem in Gebieten mit einem atlantischen und subatlantischen Klima; neben der Stieleiche die in Mitteleuropa am weitesten verbreitete Eichenart; im Norden bis Südskandinavien; auf frischen bis trockenen, mittel- bis tiefgründigen, nährstoffarmen Stein- und Lehmböden; meidet staunasse Böden; benötigt im Sommer hohe Temperaturen; nördlich der Alpen bis 700 m ü.M., in den Südalpen bis in eine Höhe von 1600 m ü.M. steigend; in Spätfrostlagen nicht überlebensfähig; etwas salzempfindlich; nur auf Sonderstandorten bestandsbildend.
**Habitus:** Wuchshöhe von 20–30 m; Stammdurchmesser bis 2 m; Alter bis 1000 Jahre; Stammachse bis zum Wipfel durchgehend, viel gerader als bei der Stiel-Eiche; Krone hoch gewölbt, breit oval bis rundlich, mit strahlenförmig abgehenden Ästen.
**Zweige:** Zuerst dunkelgrün, dann graubraun, teilweise gerötet, oft grau bereift; Äste ziemlich gerade und steil aufsteigend.
**Rinde:** In der Jugend grünlichgrau bis silbergrau, glänzend, glatt; im Alter Bildung einer dicken, dunkel graubraunen, tief längsrissigen, mit tiefen Furchen versehenen, stark aufreissenden Rippenborke.

## *Quercus pubescens* Willd. – **Flaum-Eiche**

F: Chêne pubescent; E: Downy Oak Fagaceae

**Verbreitung:** Beheimatet im Mittelmeerraum; verbreitet von Südeuropa über das südliche Mittel- und Westeuropa bis nach Kleinasien und dem Kaukasus; nördlich der Alpen verstreut im trocken-warmen Klima; u.a. im Schweizer Jura, Oberelsass, Wallis bis 1500 m ü.M., in der Rheinebene, am Kaiserstuhl, im Saaletal bei Jena, im Nationalpark Unteres Odertal bei Gartz; bevorzugt nährstoffreiche, trockene, meist kalkhaltige, lockere, mittel- bis tiefgründige, steinige Lehm- und Lössböden; seltener auf sauren Silikatböden; bildet Mischwälder mit der Manna-Esche, Zerr-Eiche, Hopfenbuche; in Mitteleuropa häufig mit der Trauben-Eiche; lichtbedürftig und wärmeliebend; den Namen verdankt sie den flaumig behaarten Trieben, Knospen und Blättern.

**Habitus:** Wuchshöhe von 2–25 m; Alter bis 500 Jahre; Stamm bis 60 cm Durchmesser; reich verzweigter Strauch oder vielfach krummwüchsiger Baum mit breiter Krone.

**Zweige:** Zuerst dicht filzig flaumig behaart, gerade, etwas kantig, bräunlichgrau und später verkahlend.

**Rinde:** In der Jugend graubraun, leicht längsrissig; im Alter Bildung einer stark zerklüfteten, längsrissigen, braunschwarzen, regelmässig rau gefelderten Schuppenborke.

## *Quercus robur* L. – **Stiel-Eiche**

F: Chêne commun; E: English Oak, Pedunculate Oak Fagaceae

**Verbreitung:** Beheimatet in Europa; hier auch die am weitesten verbreitete Eichenart; fehlt nur im Süden der Iberischen Halbinsel, auf Sizilien, im Süden Griechenlands und im nördlichen Skandinavien; bevorzugt nährstoffreiche, tiefgründige, feuchte bis trockene Lehm- und Tonböden; von der Tiefebene bis 1000 m ü.M. reichend; lichtbedürftig, wärmeliebend, frosthart, windresistent, stadtklimafest.
**Habitus:** Wuchshöhe von 15–45 m; Alter bis 1400 Jahre; Stamm kräftig, bis 3 m im Durchmesser, oft schon in geringer Höhe in dicke, knorrige, weit ausladende, unregelmässig geformte Hauptäste gegabelt; Krone im Freistand zunächst kegelförmig, später unregelmässig und aufgelockert kugelig gewölbt.
**Zweige:** Zuerst grünlichgrau bis graubraun, mit kleinen, hellbraunen Lentizellen; Äste mehrfach gekrümmt oder gedreht, sehr massiv, im unteren Kronenbereich überhängend; in Eichenrinde grosse Mengen von Gerbsäure (Gerben von Tierfellen).
**Rinde:** In der Jugend glatt, schwach grünlichgrau bis silbergrau glänzend; im Alter Bildung einer dicken, längsrissigen, mit längs und tief gefurchten Einschnitten versehenen, graubraunen bis dunkelgrauen Schuppenborke.

## *Quercus rubra* L. – **Rot-Eiche**

F: Chêne rouge d`Amérique; E: American Red Oak — Fagaceae

**Verbreitung:** Beheimatet im östlichen Nordamerika; reicht von Kanada bis nach Texas; in den Appalachen bis in eine Höhe von 1600 m ü.M. reichend; offizieller Staatsbaum des US Bundesstaates New Jersey; bevorzugt nährstoffreiche, tiefgründige, frische Böden; kann aber auch auf nährstoffarmen Sandböden wachsen; meidet flachgründige und staunasse Böden; in Mitteleuropa zu Beginn des 18. Jahrh. eingeführt; häufig in grossen Parkanlagen anzutreffen; als Strassen- und Platzbaum weniger geeignet, denn die Wurzeln heben den Boden und die Plattenbeläge an.
**Habitus:** Wuchshöhe von 20–25 m (seltener bis 35 m); Alter bis 400 Jahre; Stamm mit einem Durchmesser bis 2 m, ziemlich massiv, sehr kurz, schon in geringer Höhe über dem Boden in grosse und kräftige Äste geteilt; junge Krone kegelförmig, später rund und hochgewölbt; erträgt das Stadtklima sehr gut.
**Zweige:** Zuerst hellgrau bis rötlichbraun, furchig, unbehaart, strahlig angeordnet; Äste bogig abgehend oder steil aufgerichtet wachsend.
**Rinde:** In der Jugend grau und lange glatt; im Alter Bildung einer dünnen, rissigen, gefelderten, etwas dunkler grau gefärbten Schuppenborke.

## *Rhamnus cathartica* L. – Echter Kreuzdorn, Purgier K.

F: Nerprun purgatif; E: European Buckthorn Rhamnaceae

**Verbreitung:** Beheimatet in fast ganz Europa; verbreitet von Nordwestafrika bis nach Westasien; in lichten Laubwäldern, Hecken, Flussniederungen, entlang von Waldrändern, auf felsigen Hängen vor allem in sonnigen Lagen; bevorzugt frische bis trockene, kalkreiche, humose, lockere Böden; auch auf flachgründigen Steinböden.; in Mitteleuropa stark verbreitet; Früchte und die Rinde sind stark giftig.

**Habitus:** Wuchshöhe von 2–8 m; Alter bis 100 Jahre; vielgestaltiger, mit Dornen bewehrter Strauch oder krummstämmiger, dorniger Baum mit einer unregelmässigen, lockeren bis wenig dichten Krone; Wuchs knorrig.

**Zweige:** Zuerst glänzend grau bis graubraun, gerundet, schwach behaart jedoch bald verkahlend; mit nur wenigen Lentizellen versehen; meist rechtwinklig abstehend; ältere Zweige fast schwarz, nach Einstellen des Wachstums an den Enden absterbend; mit typisch waagrecht abstehenden Kurztrieben.

**Rinde:** In der Jugend hell graubraun, glatt, mit wenigen hellen Lentizellen besetzt; im Alter Bildung einer dunkelbraunen bis schwarzbraunen, mit Rissen und Querrunzeln versehenen, horizontal abrollenden Ringborke.

## *Robinia pseudoacacia* L. – **Robinie, Scheinakazie**

F: Faux acacia; E: Acacia, Black Locust, Robinia Fabaceae

**Verbreitung:** Beheimatet im atlantischen Nordamerika; in Europa seit dem 17. Jahrhundert (um 1640 durch den Botaniker Jean Robin aus Virginia nach Paris gebracht) eingebürgert; weitere Verbreitung in Nordafrika, West- und Ostasien; bevorzugt lockere, durchlässige, schwach saure bis alkalische, trockene und sandige Böden in milden Lagen in lichten Wäldern, an Dämmen, auf Schuttplätzen; von der Tiefebene bis in eine Höhe von 800 m ü.M.; erträgt grosse Hitze, ist salztolerant und wird von der Forstwirtschaft als Pionierpflanze auch in Sandgebieten angepflanzt; giftig sind vor allem die Rinde und die Samen.
**Habitus:** Wuchshöhe von 20–30 m; im Freistand 12–20 m; ein- bis mehrstämmiger Baum, der sich oft bereits in einer Höhe von 1 m verzweigt; einzelne Stämme neigen zur Krummschäftigkeit; Krone locker, rund bis schirmförmig.
**Zweige:** Kahl, gerieft, dunkel olivgrün bis rötlichbraun; grosse Äste steil aufgerichtet, häufig gewunden oder gekrümmt; kleinere Äste abstehend, leicht überhängend.
**Rinde:** In der Jugend glatt, bräunlich; im Alter Bildung einer tief gefurchten, graubraunen bis dunkelbraunen, mit gewundenen Furchen versehenen Schuppen-Faserborke.

# *Salix alba* L. – **Silber-Weide**

F: Saule blanc; E: White Willow Salicaceae

**Verbreitung:** Beheimatet in Europa, Nord- und Westasien; bevorzugt nasse, kalkhaltige bis mässig saure, nährstoff- und basenreiche, meist periodisch überschwemmte, sandig-kiesige Böden; von der Tiefebene bis 900 m ü.M.; Hauptverbreitung in den Stromtälern; wichtiges Gehölz der Auenwälder, in feuchten Wäldern, auf Dünen, entlang von Bächen und Flüssen oft zusammen mit Pappeln, Erlen und anderen Weidenarten; sehr oft zur Stabilisierung von Flussgewässern eingesetzt und bei Rekultivierung von Bodenflächen verwendet; grösste einheimische Weidenart.
**Habitus:** Wuchshöhe von 10–20 m (seltener bis 35 m); Alter bis 200 Jahre; reich verzweigt mit bis 1 m dicken Stämmen; junge Bäume mit spitz-kegelförmiger Krone; diese später mächtig, breit ausladend; Stämme im Alter sehr oft hohl.
**Zweige:** Zuerst gelblich- bis rötlichbraun, kurz anliegend behaart, sehr biegsam, glänzend, später verkahlend; ältere Zweige oft überhängend; mit zerstreuten Lentizellen.
**Rinde:** In der Jugend mehrheitlich glatt, rötlichbraun bis graubraun; im Alter Bildung einer mittel- bis dunkelgrauen, tiefgefurchten und mit dicken Leisten versehenen Schuppen-Faserborke; Querrisse nicht so tief gehend.

## *Salix caprea* L. – **Sal-Weide**

F: Saule Mersault; E: Pussy Willow, Sallow — Salicaceae

**Verbreitung:** Beheimatet in Mitteleuropa und bis Mittelasien reichend; in fast ganz Europa verbreitet, fehlt jedoch im äussersten Süden (Portugal, Sardinien); von der Tiefebene bis in die subalpine Stufe reichend (bis 2000 m ü.M.); bevorzugt frische bis feuchte und auch wasserzügige, nährstoffreiche, neutrale bis leicht saure, steinige, sandige oder reine Lehmböden; in Hecken, Mooren, Waldschlägen, Kiesgruben, Schutthalden, lichten Mischwäldern, Fichtenmoorwäldern, entlang von Wald- und Wegrändern und Flüssen, an Felsen; als Pionierpflanze für Bienen und andere Insekten eine sehr wichtige erste Futterpflanze; eine der bekanntesten Weidenarten der Tiefebene.

**Habitus:** Wuchshöhe von 2–15 m; Alter bis 60 Jahre; stark verzweigter Grossstrauch oder schlanker Baum mit einer verhältnismässig breiten Krone; bis 5 m Breite erreichend; mit dicken, recht brüchigen Ästen.

**Zweige:** Zuerst glatt, rundlich, graugrün bis olivgrün, leicht behaart, glänzend, sehr biegsam, mit zunehmendem Alter verkahlend.

**Rinde:** Grau, mit rautenförmigen Lentizellen; im Alter Bildung einer längsrissigen, mittelgrauen bis braunschwarzen Borke; mit regelmässig angeordneten Erhebungen.

## *Salix* x *sepulcralis* Simonk – **Trauer-Weide**

F: Saule pleureur; E: Weeping Willow Salicaceae

**Verbreitung:** Echte Trauer-Weide (Hybrid aus *Salix alba* x *Salix babylonica*) in China und Japan beheimatet; als Zierbaum über die ganze Welt verbreitet; in Mittel- und Nordeuropa in der Tiefebene und der Hügelstufe vor allem in Parkanlagen, Gärten und bei Promenaden angepflanzt; seltener in der montanen Stufe anzutreffen; bevorzugt feuchte, lockere, basen- und nährstoffreiche Böden; die Bezeichnung «Trauer-Weide» gilt für Weiden, die hängende Zweige besitzen; *Salix sepulcralis* ist in Mitteleuropa die verbreitetste Trauer-Weide.
**Habitus:** Wuchshöhe von 10–20 m; mit einem geraden Stamm und weit ausladenden Ästen; Krone sehr breit und rundlich; Zweige sehr dünn, auffallend senkrecht und weit herunterhängend wachsend.
**Zweige:** Zuerst glänzend, gelblichgrün bis bräunlichgelb, mit seidiger Behaarung, rutenförmig dünn, überhängend, später verkahlend, sonnenseits oft etwas leicht rötlich gefärbt; Äste bogig abstehend.
**Rinde:** In der Jugend grau bis graubraun, glatt; im Alter Bildung einer mittel graubraunen Schuppenborke mit breiten Längsrissen; die langen Vertiefungen heller braun.

## *Sambucus nigra* L. – **Schwarzer Holunder**

F: Sureau commun, Sureau noir; E: Common Elder Caprifoliaceae

**Verbreitung:** Beheimatet in Europa; weitere Verbreitung in Kleinasien, Nordafrika; im nördlichen Skandinavien fehlend; von der Tiefebene bis 1500 m ü.M.; in feuchten Wäldern, Waldlichtungen, Hecken, bei Schuttplätzen, Siedlungen und Bauernhöfen; bevorzugt mässig trockene bis mässig frische, schwach saure, mittelschwere, aber auch sandige, stickstoffreiche (guter Stickstoffzeiger), gut durchlüftete Lehmböden; rauchhart, stadtklima- und salzverträglich; Spätfröste und grosse Temperaturextreme meidend; die Sonnenverträglichkeit ist gering; in Mitteleuropa sehr häufig anzutreffendes Gehölz.

**Habitus:** Wuchshöhe von 4–7 m; breit ausladender, aufrecht wachsender Strauch oder mehrstämmiger Baum; Stämme meist etwas krumm wachsend; mit sparrigen Ästen, die weisses Mark enthalten.

**Zweige:** Graubraun, kahl, kantig, mit zahlreichen grossen Lentizellen; Zweige sind mit weissem, fast schaumstoffartigem Mark ausgefüllt.

**Rinde:** In der Jugend glatt, hellgrau bis hell graubraun / rötlichbraun gefärbt; später Bildung einer graubraunen, längsrissigen, netzartig gemusterten Schuppenborke.

## *Sambucus racemosa* L. – **Roter Holunder, Trauben-H.**

F: Sureau rouge, S. à grappes; E: Red Berried Elder Caprifoliaceae

**Verbreitung:** Beheimatet in Europa, Kleinasien, China; in Mitteleuropa vor allem in der montanen und subalpinen Stufe zu finden, jedoch auch im Tiefland anzutreffen; nördliche Verbreitung bis Belgien und Litauen; in Süddeutschland weit verbreitet und in der Norddeutschen Tiefebene häufig angepflanzt; in Laubwäldern, Lichtungen, Kahlschlägen, Hecken, an steinigen Abhängen, entlang von Wegen; bevorzugt frische bis feuchte, nährstoffreiche, steinige und mittelgründige Lehmböden vor allem an schattigen Orten; guter Stickstoffzeiger; Trockenheit nicht gut ertragend; wegen seinen sehr schön rot gefärbten Früchten oft in naturnahen Hecken angepflanzt.
**Habitus:** Wuchshöhe von 1–8 m; breitbuschiger, aufrecht wachsender, im Alter weit ausladender, schwach verzweigter Strauch mit einer relativ runden Krone.
**Zweige:** Hell graubraun bis rötlichbraun, kahl, mit zahlreichen grossen, rundlichen bis länglichen Lentizellen; Triebe meist sehr lange unverzweigt; Triebspitzen oft abgestorben; das Mark im Innern der Zweige deutlich gelblich- bis rötlichbraun.
**Rinde:** In der Jugend grünlich, hellgrau bis rötlichbraun und glatt; im Alter Bildung einer grauen bis graubraunen, rissigen Schuppenborke; Erhebungen oft sehr breit.

## *Sorbus aria* (L.) Crantz – **Gewöhnliche Mehlbeere**

F: Alisier blanc; E: White Beam — Rosaceae

**Verbreitung:** Beheimatet in West-, Mittel- und Südeuropa; in Nordeuropa und Teilen von Südosteuropa fehlend; reicht bis zum Himalaya; von der Tiefebene bis in eine Höhe von 1600 m ü.M. steigend; in trockenheitsertragenden Laub- und Laubmischwäldern, an trockenen Sonnenhängen, auf Felsen, im Felsschutt; bevorzugt trockene, lockere, flachgründige, stickstoffarme, kalkarme wie auch kalkreiche Böden; beliebter Garten-, Park- und Strassenbaum; wegen den zahlreichen Haaren auf der Blattunterseite guter Staubfänger und damit ein optimaler Luftreiniger; ist frost- und winterhart.
**Habitus:** Wuchshöhe von 3–20 m; Alter bis 200 Jahre; strauchförmig oder breit kegelförmiger Baum mit meist flach gewölbter Krone, die oft unregelmässig aufgebaut ist; Stamm gerade, aufrecht und bis 50 cm im Durchmesser.
**Zweige:** Zuerst olivgrün bis hell rotbraun, wollig behaart, glänzend, später verkahlend; mit zahlreichen, deutlich sichtbaren und länglichen Lentizellen; Äste kräftig, sehr locker und unregelmässig angeordnet.
**Rinde:** In der Jugend glatt, silbrig-grau bis matt grau; erst im höheren Alter Bildung einer leicht rissigen Borke.

# *Sorbus aucuparia* L. – **Vogelbeere, Eberesche**

F: Sorbier des oiseleurs; E: Mountain Ash, Rowan Rosaceae

**Verbreitung:** Beheimatet in Europa, Sibirien und den gemässigten Gebieten Asiens; auch in Island anzutreffen; von der Ebene bis in die subalpine Stufe (2000 m ü.M.); in lichten Fichten, Laub- und Arvenwäldern, Geröllhalden, auf Waldlichtungen, bei Hochmooren, im Grünerlen- und Bergföhrengebüsch, an felsigen Hügeln, entlang von Waldrändern; bevorzugt etwas trockene bis feuchte, lockere, gut durchlüftete, humus- und nährstoffreiche Böden; Staunässe meidend; anspruchsloser Pionierbaum.
**Habitus:** Wuchshöhe von 5–15 m; Alter bis 120 Jahre; strauchförmig oder kleiner Baum mit einer unregelmässig aufgebauten, lockeren, ovalen bis rundlichen Krone; der Baum kann auch mehrstämmig ausgebildet sein; auch in Parkanlagen und Gärten.
**Zweige:** Zuerst glänzend, hellgrau bis hell rötlichbraun, mit einer filzigen Behaarung, später verkahlend; Lentizellen länglich, weisslich bis hellbraun; Äste stehen vom Stamm waagrecht ab oder wachsen schräg nach oben.
**Rinde:** In der Jugend glatt, gelblich oder grünlich graubraun bis silbergrau; in späteren Jahren mit feinrissiger Struktur; alte Bäume im unteren Bereich mit einer deutlich längsrissigen, dunkelgrauen bis schwärzlichen Borke.

## *Sorbus torminalis* Pers. – **Elsbeere**

F: Alisier torminal; E: Wild Service Tree — Rosaceae

**Verbreitung:** Beheimatet in Mittel- und Südeuropa; in Deutschland vor allem in den Weinbaugebieten des Südens und Südwestens; nördlichste Verbreitung in Europa ist Dänemark; reicht bis nach Nordafrika, Kleinasien; auch im Kaukasus vertreten; in der Tiefebene und der collinen Stufe, seltener in die montane Stufe reichend; in Hainbuchen-, Eichen- und Buchenwäldern, auf Felsschutt; bevorzugt trockene, tiefgründige, nährstoffreiche, lockere Böden in einer warmen Lage; auch als Strassen- und Alleebaum angepflanzt; in Südeuropa weit verbreitet.

**Habitus:** Wuchshöhe von 5–25 m (seltener bis 32 m); Alter bis 300 Jahre; aufrechter, wenigstämmiger Strauch oder Baum mit einem schlanken Stamm und, im Bestand, einer hoch angesetzten schlanken Krone; freistehende Bäume mit kugeliger Krone.

**Zweige:** Zuerst glänzend, filzig behaart, schwach kantig, braun bis graubraun, mit vielen länglichen Lentizellen; ältere Zweige verkahlend, dunkel graubraun.

**Rinde:** In der Jugend glatt, grau bis bräunlich gefärbt; reisst vom 40. Altersjahr langsam auf; später Bildung einer dunkel graubraunen bis schwärzlichen Schuppenborke mit aufgebogenen Randpartien; in kleinen Schuppen abblätternd.

# *Syringa vulgaris* L. – **Flieder, Garten-Flieder**

F: Lilas commun; E: Common Lilac, French Lilac Oleaceae

**Verbreitung:** Beheimatet in Südosteuropa; 1560 wurde der Flieder von Ogier Ghislain de Busbecq, Gesandter des Kaisers, aus Konstantinopel nach Wien gebracht; danach langsame Verbreitung in Europa; ab Mitte des 19. Jahrh. bereits mit vielen Hybriden und verschiedenen Farben; heute werden über 900 verschiedene Flieder Varianten gezählt; von der Tiefebene bis in die montane Stufe; bei Hausgärten, Terrassen, Parkplätzen, als Strassenbaum und verwildert in lichten Wäldern, an Felswänden, Bahndämmen; bevorzugt nährstoffreiche, sandig-humose, auch steinige, trockene bis etwas feuchte, lockere, schwach saure bis kalkreiche, lehmige Böden an sonnigen und warmen Standorten; frosthart, stadtklimafest; rauchhart, windresistent, hitzeverträglich.
**Habitus:** Wuchshöhe von 2–10 m; aufrechter, dicht verzweigter, vielstämmiger Grossstrauch oder kleiner Baum mit einer rundlichen Krone; Stamm oft drehwüchsig.
**Zweige:** Zuerst olivgrün bis olivbraun, später grau bis graubraun, kahl oder leicht drüsig behaart, mit nur wenigen unauffälligen Lentizellen.
**Rinde:** In der Jugend glatt und hell graubraun; im Alter Bildung einer mittel- bis dunkel graubraunen, längsrissigen Borke, die in langen und dünnen Streifen abblättert.

# *Tilia cordata* Mill. – **Winter-Linde**

F: Tilleul à petites feuilles, Tilleul des bois E: Little Leaf Lime Tiliaceae

**Verbreitung:** Beheimatet in Europa; verbreitet vor allem im Tiefland und in der Hügelstufe; etwas seltener in der montanen Stufe anzutreffen; in milden, sommerwarmen Lagen in Eichen-Hainbuchenwäldern, Eschen-Auenwäldern, Ahorn-Eschen-Lindenwäldern, Hecken, Schluchtwäldern, an steilen Hängen, bei Felsen; bevorzugt etwas frische, mässig saure bis basenreiche, flach- bis tiefgründige, auch steinige Lehm- und Tonböden; in Europa weit verbreiteter Laubbaum; bildet jedoch keine Reinbestände; salzempfindlich; häufig als Park- und Strassenbaum angepflanzt.

**Habitus:** Wuchshöhe von 20–30 m; Alter bis 1000 Jahre; mit 180 Jahren ihre maximale Höhe erreichend; junge Krone schmal-kegelförmig; diese im Alter dicht, hochgewölbt, rundlich, oft etwas unregelmässig gestaltet; Stamm kräftig, gerade, kurz mit mehreren gleich starken und steil aufrecht wachsenden Hauptästen.

**Zweige:** Zuerst fein behaart, später verkahlend; schattenseits olivgrün bis gelblichbraun, sonnenseits meist rötlichbraun; Lentizellen klein, aber deutlich sichtbar.

**Rinde:** In der Jugend glatt, grau; im Alter Bildung einer graubraunen bis dunkelgrauen Borke, die flache, längs verlaufende Furchen und stark erhabene Leisten aufweist.

# *Tilia platyphyllos* Scop. – **Sommer-Linde**

F: Tilleul à grandes feuilles; E: Large Leaved Lime Tiliaceae

**Verbreitung:** Beheimatet in Mittel, Süd- und Westeuropa; eingebürgert in Belgien, den Britischen Inseln und in den Niederlanden; fehlt in Skandinavien, Sizilien und Sardinien; zerstreut im Kaukasus und in Kleinasien; in der Tiefebene und der collinen Stufe, seltener bis 1000 m ü.M.; in milden, sommerwarmen Lagen in krautreichen Ulmen-Ahorn-Eschen-Schluchtwäldern, Buchen-Mischwäldern, bei Gasthöfen, auf vielen Kuppen, um Bauernhäuser; bevorzugt kalk- und nährstoffreiche, flach- aber auch tiefgründige, frische, lockere Böden; empfindlich gegen Luftverschmutzung.
**Habitus:** Wuchshöhe von 15–40 m; Alter bis 1000 Jahre; nach etwa 150 Jahren wird das Längenwachstum eingestellt; Stamm kräftig, gerade aber kurz; aus ihm wachsen kräftige und weit in die Krone ragende Hauptäste, die eine mächtige, tief angesetzte und dichte Krone tragen; Stammdurchmesser bis 1.8 m.
**Zweige:** Zuerst glänzend, schattenseits grün, sonnenseits rötlichbraun, kahl oder leicht flaumig behaart, später verkahlend; mit länglichen, hellen Lentizellen.
**Rinde:** In der Jugend glatt, grau; im Alter Bildung einer dunkelbraunen bis schwärzlichen, längsrissigen Borke; feine, nicht tiefe Furchen; Leisten netzartig verzweigt.

## *Ulmus glabra* Huds. – **Berg-Ulme, Weiss-Rüster**

F: Orme de montagne; E: Scotch Elm, Wych Elm Ulmaceae

**Verbreitung:** Beheimatet in Europa; von Mittelspanien, Italien und Südosteuropa bis nach Südskandinavien, den Britischen Inseln und ostwärts bis zum Ural; von der Tiefebene bis in eine Höhe von 1300 m ü.M.; in Schluchten, Hochstaudenfluren, an Waldrändern, in schattigen Hangwäldern in luftfeuchter Lage; bevorzugt frische bis feuchte, nährstoffreiche, kalkhaltige, im Untergrund kiesige, sandige Lehm- und Tonböden; auch als Alleebaum angepflanzt.

**Habitus:** Wuchshöhe von 20–40 m; Alter bis 500 Jahre; mit etwa 60 Jahren ist das Höhenwachstum abgeschlossen; Stamm kräftig, bis 3 m im Durchmesser, durchgehend oder im oberen Kronenbereich in mehrere Hauptäste gegliedert; junge Krone schmal pyramidenförmig; diese im Alter und im Freistand sehr breit und hoch entwickelt, rundlich, oft mehrteilig, reich verzweigt.

**Zweige:** Zuerst glänzend, dick, an den Spitzen mit kurzen, steifen, abstehenden Samthaaren, später verkahlend, oliv bis dunkel rotbraun; Äste bogig überhängend.

**Rinde:** In der Jugend glatt, mittelbraun; im Alter Bildung einer graubraunen bis dunkelbraunen Schuppenborke; stark gefeldert, mit deutlichen Quer- und Längsrissen.

# *Ulmus laevis* Pall. – Flatter-Ulme

F: Orme diffus, Orme lisse; E: Russian Elm Ulmaceae

**Verbreitung:** Beheimatet in Europa und Westasien; überall in Europa verbreitet, jedoch nirgends bestandesbildend, sondern nur vereinzelt oder in kleinen Gruppen anzutreffen; in der Tiefebene und der collinen Stufe vor allem in Auen- und feuchten Mischwäldern, entlang von Waldrändern; bevorzugt sickernasse, zeitweise überschwemmte, nährstoff- und basenreiche, tiefgründige, humose, sandige Ton- und Lehmböden in sommerwarmer Klimalage; ziemlich lichtbedürftig; Ausläufer treibend; als Allee- und Parkbaum sehr beliebt.
**Habitus:** Wuchshöhe von 4–35 m; Alter bis 250 Jahre; Stamm bis 2 m im Durchmesser und oft mit breitem Kranz von jungen Trieben des Stockausschlags und der Wurzelbrut; Krone breit, reich verzweigt, annähernd kugelig, oft mehrteilig.
**Zweige:** Zuerst grau, rötlichbraun bis dunkel braunschwarz, samtartig behaart, später verkahlend; Äste im mittleren Bereich aufwärts gerichtet, später hängend, diejenigen im oberen Kronenbereich strahlig nach oben wachsend und oft auffällig verbreitert.
**Rinde:** Graubraun, schon in der Jugend rau und abblättern; im Alter Bildung einer tief längsrissigen Schuppenborke mit breiten Leisten und tiefen Rinnen.

# *Ulmus minor* Mill. – **Feld-Ulme**

F: Orme champêtre, Ormeau; E: European Field Elm Ulmaceae

**Verbreitung:** Beheimatet in Mittel- und vor allem Südeuropa; im Kaukasus, Kleinasien und bis zur Wolga, südlich bis Italien, Nordwestafrika; in Nordeuropa nicht vertreten; in der Tiefebene und der kollinen Stufe (bis 600 m ü.M.; im Süden des Areals bis 1000 m ü.M.); in sonnigen Hangwäldern, Auenwäldern, den Flüssen und Waldrändern entlang; bevorzugt trockene bis nasse, manchmal auch überflutete, basen- und nährstoffreiche, lockere, humose Lehm- und Tonböden; in europäischen Stromtälern häufig anzutreffen; eine formenreiche Ulmenart.

**Habitus:** Wuchshöhe von 20–40 m; Alter bis 600 Jahre; mehrstämmiger Strauch oder reich verzweigter, ziemlich schmal wachsender Baum, der selten gerade oder regelmässig wächst; Stamm meist nicht durchgängig, bis 2 m im Durchmesser und mit vielgestaltiger Krone; Äste nahezu waagrecht abstehend; Zweige oft hängend.

**Zweige:** Zuerst dünn, schwach glänzend, graubraun bis rötlichbraun, abstehend behaart und später verkahlend; mit verdickten Korkleisten; Lentizellen hellbraun.

**Rinde:** In der Jugend glatt, hell graubraun; im Alter Bildung einer längsrissigen, gefelderten, ziemlich korkreichen Schuppenborke; mit tiefen Furchen und Buckelleisten.

## *Viburnum lantana* L. – **Wolliger Schneeball**

F: Viorne lantane, Mansienne; E: Wayfaring Tree Caprifoliaceae

**Verbreitung:** Beheimatet in Mittel- und Südeuropa; von den Britischen Inseln bis ins Mittelmeergebiet; östlich bis zum Kaukasus und nach Südrussland; von der Tiefebene bis in die subalpine Stufe (bis 1900 m ü.M.); in lichten Eichen- und Kiefernwäldern, Hecken, entlang von sonnigen Waldrändern, bei Lichtungen; bevorzugt mässig frische bis trockene, kalk- und nährstoffreiche, humose, flach- bis tiefgründige, auch steinige, sandige Lehmböden; wärmeliebend, lichtbedürftig, frosthart, nässeempfindlich; häufig entlang von Strassen angepflanzt, für Lärm- und Windschutz verwendet, als Dachbegrünung, in Gärten und Parkanlagen.
**Habitus:** Wuchshöhe von 1–4 m; aufrechter, reich verzweigter, buschiger Strauch mit aufrecht oder bogig wachsenden Ästen; lockere Wuchsform vorhanden; Wuchsbreite bis 3 m; Krone meist trichterförmig.
**Zweige:** Zuerst oliv, gelblichgrau bis graubraun, dicht mit Sternhaaren besetzt, später verkahlend und mittel- bis dunkelbraun; mit länglichen Lentizellen.
**Rinde:** In der Jugend braun, bereits etwas rau; im Alter Bildung einer graubraunen, längsrissigen Schuppenborke.

## *Viburnum opulus* L. – **Gewöhnlicher Schneeball**

F: Viorne obier; E: European Cranberry Bush Caprifoliaceae

**Verbreitung:** Beheimatet in Europa, fehlt jedoch im äussersten Norden; im Kaukasus, in West- und Nordasien und südlich bis Nordwestafrika; von der Tiefebene bis in die montane Stufe (maximal bis 1500 m ü.M.); in Auenwäldern, Hecken, feuchten Wiesen, entlang von Bach- und Waldrändern, bei Fluss- und Seeufern; bevorzugt nährstoff- und basenreiche, humushaltige, feuchte Lehm- und Tonböden; wegen den wohlriechenden Blüten zählt er in Mitteleuropa zu den beliebtesten Blütenheckenpflanzen und wird in Gärten und Parkanlagen häufig angepflanzt.
**Habitus:** Wuchshöhe von 1–5 m; wohlriechender, raschwüchsiger, aufrechter, reich verzweigter Grossstrauch oder kleiner Baum mit meist überhängenden Zweigen und eine Breite von 2–4 m erreichend.
**Zweige:** Kahl, mehr oder weniger stumpfkantig oder gerieft, grau- bis graubraun, mit ovalen bis etwas rundlichen, zerstreut angeordneten und hellen Lentizellen.
**Rinde:** In der Jugend glatt, hellgrau bis gelblichgrau und mit kurzen hellen Querstreifen versehen; im Alter Bildung einer graubraunen bis braunen, fein rissigen Schuppenborke, die in feinen Schuppen abblättert.

## *Vitis vinifera* L. – **Weinrebe, Weintraube**

F: Vigne; E: Grape Vine Vitaceae

**Verbreitung:** Gehört nicht nur zu den ältesten Kulturpflanzen der Welt, sondern sie ist auch die am häufigsten angebaute Obstpflanze; die wilde Ursprungsform *Vitis vinifera* ssp. *sylvestris* ist eine der wenigen Lianen Mitteleuropas, die die Eiszeiten in südeuropäischen und westasiatischen Refugien überlebte; von den Römern nach Mitteleuropa und bis nach England gebracht; bereits 1494 in die Neue Welt verschifft; die heutigen Kulturreben (*Vitis vinifera* ssp. *vinifera*) sind das Produkt einer Selektion aus der Wildrebe; der Rebenanbau lässt sich in Ägypten bis auf 3500 v. Chr. zurückverfolgen; kultiviert vor allem in der Tiefebene und der collinen Stufe; heute sind weltweit rund 10 000 Sorten bekannt; bevorzugt trockene Böden in sonnigen Lagen.
**Habitus:** Mit Sprossranken versehener und kletternder Strauch erreicht eine Wuchshöhe von 10–20 m; Ausbildung eines tiefgehenden Wurzelwerkes; Rankenäste ohne Haftscheiben; Alter bis 400 Jahre, durchschnittlich 80–120 Jahre.
**Zweige:** Bräunlichgelb bis rötlichbraun, kahl oder seltener mit etwas filziger Behaarung, mit kleinen Furchen und kleinen punktförmigen Lentizellen.
**Rinde:** Mittel- bis dunkelbraun oder dunkelgrau und sich in Längsstreifen ablösend.

## *Wisteria sinensis* (Sions) Sweet – **Chinesischer Blauregen**

F: Glycine; E: Chinese Wisteria Fabaceae

**Verbreitung:** Beheimatet in China; in der Heimat verbreitet in Bambusgebüschen und Laubmischwäldern; ein erstes lebendes Exemplar kam 1816 zur Horticultural Society nach London; heute in Europa und Nordamerika in zahlreichen Zuchtformen kultiviert und weit verbreitet; zur Begrünung von Gartenlauben und Hauswänden; wegen seiner Blütenfülle und Wuchskraft sehr beliebt; in sonnigen und halbschattigen Lagen; bevorzugt frische bis feuchte, wasserdurchlässige, kalkfreie, lockere, sandig-humose, nährstoff- und humusreiche, durchlässige Böden; wegen seiner Wuchskraft kann die Bausubstanz eines Hauses nachhaltig geschädigt werden (z.B. Verschiebung von Dachziegeln, Verbiegung von Geländerstäben, Rankseile aus Verankerung reissend); mit giftigem Glykosid vor allem in der Rinde und den Samen.
**Habitus:** Wuchshöhe von 5–30 m; Alter bis 100 Jahre; (grösste Pflanze in Kalifornien mit 150 m Länge, wurde 1892 gepflanzt); extrem raschwüchsige, robuste, sehr dekorative Schlingpflanze; Stamm bis 40 cm im Durchmesser; Äste dünn.
**Zweige:** Zuerst grün, dann graubraun bis braun, kahl.
**Rinde:** Mittel- bis dunkelbraun, lange glatt bleibend, mit deutlich hellen Streifen.

FITSCHEN, J. (1977): Gehölzflora. Heidelberg: Quelle und Meyer Verlag.
HECKER, U. (1985): Laubgehölze. München, Wien, Zürich: BLV Verlagsgesellschaft.
HECKER, U. (1985): Nadelgehölze. München, Wien, Zürich: BLV Verlagsgesellschaft.
HESS, H.E. und LANDOLT, E. (1967): Flora der Schweiz. Basel: Birkhäuser Verlag.
GODET, J.-D. (2007): Bäume und Sträucher. Hinterkappelen: Arboris Verlag.
GODET, J.-D. (2004): Knospen und Zweige. Hinterkappelen: Arboris Verlag.
GUNTER, G. (1984): Bäume. München: Mosaik Verlag.
KREMER, B.P. (2010): Bäume und Sträucher. Stuttgart: Ulmer Verlag.
KUPFERSCHMID, A.D. (2001): Rindenkunde/Rindenverwertung. Zürich: ETH Zürich.
SCHAFFNER, W. (1999): Heilpflanzen Kompendium. Hinterkappelen: Arboris Verlag.
ZANDER, R. (2008): Handwörterbuch der Pflanzennamen. Stuttgart: Ulmer Verlag.

---

**A**



**B**



**B**



**C**



**D**



**E**